新型建筑工业化与现代建筑企业管理

叶 明 姜 楠 樊光中 欧亚明 张 静 著

中国建筑工业出版社

图书在版编目（CIP）数据

新型建筑工业化与现代建筑企业管理 / 叶明等著 .
北京：中国建筑工业出版社，2024.6. -- ISBN 978-7
-112-29985-0

Ⅰ. TU; F407.96

中国国家版本馆 CIP 数据核字第 20247CV287 号

责任编辑：张　瑞　万　李
责任校对：姜小莲

新型建筑工业化与现代建筑企业管理

叶　明　姜　楠　樊光中　欧亚明　张　静　著

*

中国建筑工业出版社出版、发行（北京海淀三里河路 9 号）
各地新华书店、建筑书店经销
北京点击世代文化传媒有限公司制版
北京同文印刷有限责任公司印刷

*

开本：787 毫米 ×960 毫米　1/16　印张：13¾　字数：204 千字
2024 年 8 月第一版　2024 年 8 月第一次印刷
定价：49.00 元
ISBN 978-7-112-29985-0
　　（42959）

序

　　在今年召开的一次关于新型建筑工业化的发展论坛上，一位媒体记者向我提问："您认为，我国装配式建筑发展状况如何？造价成本高是否是影响我国装配式建筑发展的最大障碍？"我说："从2016年以来，以装配式建筑推动的新型建筑工业化，得到了国家、地方政府和企业的高度重视，目前已形成蓬勃的发展态势，虽然取得了一定的成果，但成效并不显著，尤其是政府和企业的获得感不强。当前影响我国装配式建筑发展的最大障碍，如果只能说一个因素的话，我认为最大的障碍不是'成本'，而是'重技术、轻管理'。"

　　管理是企业永恒的主题，是企业发展的基石。创新是现代建筑企业进步的原动力，是实现持续成长的决定因素。当前在工业化、数字化、绿色化日益深化的背景下，企业只有把握管理创新的新趋势、新要求，在管理理念、组织制度、商业模式等方面不断创新，运用新的理论和发展理念指导企业管理，才能在变化中求生存，在创新中求发展。记得有一次会见台湾润泰集团董事长尹衍梁先生，在交流会谈中他说过一句话："技术决定产品，管理决定效益。"由此可见，管理水平的高低直接决定了一个企业的发展质量、效率和效益。但是我们也注意到，建筑企业开展的大量创新活动主要集中在技术方面，甚至把技术创新视为企业创新的同义词。虽然建筑业企业普遍重视技术创新，但仍存在着技术成果转化率不高，大量企业的技术创新成果被束之高阁，不少引进的先进设备、技术得不到充分利用，技术创新的作用与优势难以充分发挥的问题。问题如何解决？关键仍在管理。宏观管理失控，微观管理又缺乏有效机制，技术与管理相互脱节，技术转化落地缺乏相适应的管理支撑。尤其是，在传统粗放管理模式下应用不相适应的先进技术，不可能发挥出先进技术的优势，甚至还有可能降低应用的效率和效益。没有管理保障的技术创新不可能有生命力，技术与管理如同鸟之双翼、车之双轮，企业的成长壮大取决于是否拥有相互协同的技术创新与管理创新体系。

发展新型建筑工业化是建造方式的重大变革，也是生产方式的革命。变革的路径就是从传统粗放的建造方式向新型工业化建造方式转变，这种转变不单纯是指技术创新，也是在新技术条件下所制定的发展战略、管理体制、组织结构等，与新技术深度融合的、创新性的组织管理模式变革和生产方式革命。就像建筑结构设计一样，只有内部结构合理，建筑的承载力才能满足要求；如果内部结构不合理，建筑就会被压垮。组织管理模式支撑技术集成创新，技术创新驱动组织方式变革，二者密不可分。为此，企业走新型建筑工业化发展道路，必须要摆脱传统粗放的管理方式，在大力发展新技术的同时，必须要建立强悍的组织管理能力，以此形成工业化的生产方式，产生规模化的效率和效益。企业管理创新比技术创新更难、更重要，成功在于管理，失败也在于管理。

推进新型建筑工业化发展，建设现代建筑企业管理体系，是我国建筑业发展的现实所需、全局所系、大势所趋。强化新型建筑工业化这一引擎，筑牢现代建筑企业管理这一根基，树立向技术要产品、向管理要效益的经营理念，涵养内在势能、强化外在驱动，我们必将不断开创新型建筑工业化高质量发展的新局面，为"中国建造"强国建设提供更有力的理论支撑。为此，本书旨在把握新时代新型建筑工业化发展的新特征、新业态，针对现代建筑企业管理新要求，提出基于新型建筑工业化发展条件及其形成因素的现代建筑企业管理理论和方法。

在编写过程中建筑产业现代化发展委员会姜楠、樊光中、欧亚明、张静四位同事积极参与研究和写作，与我共同完成了这本《新型建筑工业化与现代建筑企业管理》一书。希冀能通过此书，抛砖引玉，给大家一点点启迪，拓宽思路，明确方向，从而跟上新时代的发展步伐，在新型建筑工业化的发展道路上越走越宽广，企业越来越兴旺发达。本书难免有疏漏和不足之处，仅供致力于推进新型建筑工业化发展的业界同仁参考借鉴，以此奉献给这个科技革命与产业变革的新时代。

2024 年 3 月

 # 前 言

建筑工业化并不是新问题，也不是新理念，而是我国建筑业一直倡导的发展方向。早在中华人民共和国成立之初，我国就提出了实现建筑工业化的任务。通过 70 多年的奋斗，我国建筑业生产规模不断扩大，支柱作用不断巩固，逐渐由"建造大国"向"建造强国"持续迈进。尽管如此，我国的建筑工业化发展程度仍然与发达国家有较大的差距，尚处于工业化中期阶段。建筑企业"粗放式"经营管理，"重技术、轻管理"的发展策略已经制约了建筑工业化的发展进程。为此，要发展新型建筑工业化，必须要从根本上改变建筑企业传统粗放的管理模式，推行现代建筑企业管理理念，才能真正走出一条新型建筑工业化的发展道路。

进入新时代，新型建筑工业化是现代建筑企业创新发展的动力和源泉，走新型建筑工业化道路已成为现代建筑企业必由之路。这条路，既遵循世界建筑经济发展的一般规律，也为建筑业实现"中国建造"指明了发展方向和路径；既包含对新一轮科技革命与产业变革的积极探索，也包含对我国建筑业 70 多年建筑工业化发展历程的理性反思。发展新型建筑工业化是建造方式的重大变革，也是生产方式的革命，技术与管理必须要双轮驱动，一方面要大力开展技术创新，另一方面要提升现代建筑企业管理水平。技术决定产品，管理决定效益，管理水平的高低直接决定了一个企业发展的质量和可持续性。管理比技术更难、更重要，成功在于管理，失败也在于管理。

新型建筑工业化，有别于世界先行国家在后工业化阶段的发展历程，也

不同于我国以往建筑工业化阶段的发展任务。目前我国推进新型建筑工业化，是在全面建设社会主义现代化国家的新征程上要实现的任务。必须要沉下心来，着力构建现代建筑产业体系，通过发展新型建筑工业化来夯基垒台，改变传统粗放的管理模式，解决目前建筑业长期的大而不强、产业基础薄弱、产业链协同水平不高、产业组织碎片化、建造方式粗放、组织方式落后以及价值链断裂等突出问题。同时，以信息技术为代表的新科技革命和新型建造方式迅猛发展，又使我国建筑业把信息化与建筑工业化深度融合成为可能。因此，从我国建筑业国情出发，根据信息时代实现建筑工业化的要求和有利条件，要坚持以信息化带动建筑工业化，以建筑工业化促进信息化，走出一条科技含量高、经济效益好、资源消耗低、环境污染少、工程质量优、人力资源优势得到充分发挥的新型建筑工业化道路。

在我国新型建筑工业化蓬勃发展的背景下，我们也应认识到，由于我国建筑企业还缺乏现代建筑企业管理的理论知识和经验，尤其是缺乏大量优秀的企业管理人才，管理问题已成为制约我国新型建筑工业化发展的重大问题，迫切需要在现代建筑企业管理方面获得系统的理论和方法指导。为此，本书以新型建筑工业化与现代建筑企业管理为题，结合管理学理论，立足于新型建筑工业化发展背景和内涵，基于新型建筑工业化的视角和思维方式，重点阐述现代建筑企业管理的理论和方法，系统地介绍了新型建筑工业化发展概况、基本概念与内涵，现代建筑企业管理、工程总承包管理、企业数字化管理、企业供应链协同管理以及国内外企业典型案例，力图反映时代背景对现代建筑企业管理提出的新要求，使读者对新型建筑工业化与现代建筑企业管理形成宏观、系统、科学的理论与实践认识。

本书在编写过程中，查阅和检索了大量有关建筑工业化和企业管理方面的期刊、论文、著作和网络资料，参考并引用了有关研究成果和文献，在此表示衷心感谢！由于新型建筑工业化正处于不断发展、完善和提升的过程中，尚有许多理论和实践问题需要进一步深入研究，加之编者水平所限，不当之处在所难免。希望通过与业界同仁的共同探索与努力，谱写新时期我国新型建筑工业化发展新篇章，共创更加美好的新时代。

目录

第 1 章

新型建筑工业化基本概念与内涵

1.1　新型建筑工业化基本概念

1.1.1　工业化的概念

工业化，即 Industrialization。工业化通常被理解为工业（特别是其中的制造业）或第二产业产值（或收入）在国民生产总值（或国民收入）中比重不断上升的过程，以及工业就业人数在总就业人数中比重不断上升的过程。

对工业化概念的明确定义有许多不同的界定，其中以联合国欧洲经济委员会的定义较为著名，即工业化内涵包括：生产的连续性、生产物的标准化、生产过程各阶段的集成化、工程高度的组织化、尽可能用机械代替人的手工劳动，以及生产与组织一体化的研究与开发。

18 世纪末发生的英国工业革命标志着人类社会发展史上一个全新时代的开始，拉开了整个世界由农业社会向工业文明社会转变的现代化帷幕。英国工业革命的成功使各国看到了振兴的希望，纷纷变法图强，从此以后，工业化进程在不同国家、不同地区展开，至今方兴未艾，工业化成为各国经济和社会发展的主题，工业文明也成为人类进入工业化时代之后文明进步的主要方式。工业化过程以社会化大生产为特征，是现代社会经济发展的必经之路。

1.1.2　新型工业化的概念

新型工业化是发展经济学中的概念，主要是指制造业在知识经济形态下的工业化，知识化、信息化、全球化、生态化是其本质特征。

一般来说，工业化是以劳动、资本为基本要素的工业生产替代以劳动、土地为基本要素的农业生产的蜕变过程。在工业化过程中，随着科学技术进步，新型工业形态也不断出现，而每一次科学技术进步形成的新型工业都是对旧工业的扬弃和改造。进入 21 世纪，新一轮科技革命和产业变革方兴未艾，通用人工智能、生命科学、绿色低碳、新能源等前沿技术正在深刻改变着工业生产函数，引领产业发展的新方向、开辟产业发展的新赛道。在这样的背景下，中国新型工业化也必将同时向智能化、循环经济两个目标迈进。没有智能且不能绿色循环的工业是旧型工业，而智能、绿色、可循环的工业称为新型工业。

新型工业化作为我国重要的战略部署，自 2002 年党的十六大首次提出至今已有 20 多年，且十六大后历次全国代表大会均提到新型工业化。新型工业化是现代化的必由之路，是党中央统筹中华民族伟大复兴战略全局和世界百年未有之大变局作出的重要决策部署。

1.1.3 新型建筑工业化的概念

1. 新型建筑工业化的含义

新型建筑工业化是以"建筑"作为最终产品，充分运用现代科学技术、信息化手段和组织方式，建立了标准化设计、工厂化生产、装配化施工、一体化装修和信息化管理的工业化建造方式，并形成专业化分工协作的生产运营管理机制，从而全面提升建筑工程的质量、效率和效益。

在新发展阶段，国家提出"新型建筑工业化"的发展要求，具有新时代的新特征和新要求。"新型"主要是区别于之前的建筑工业化："新"在现代企业组织管理模式；"新"在与信息化深度融合；"新"在形成一体化的专业化分工协作的社会化大生产；"新"在从传统粗放建造方式向工业化、数字化、绿色化建造方式转变。

2. 新型建筑工业化基本特征

新型建筑工业化的基本特征，主要体现在建造活动的设计的标准化、生产的工厂化、施工的装配化、装修的一体化和管理的信息化。从这五个方面，集中表征了新型工业化建造方式。

（1）标准化设计：标准化是新型建筑工业化所遵循的设计理念，是工程设计的共性条件，主要是采用统一的模数协调和模块化组合方法，各建筑单元、构配件等具有通用性和互换性，满足少规格、多组合的原则，符合适用、经济、高效的要求。

（2）工厂化生产：采用现代工业化手段，实现施工现场作业向工厂生产作业的转化，形成标准化、系列化的预制构件和部品，完成预制构件、部品精益制造的过程。

（3）装配化施工：在现场施工过程中，使用现代机具和设备，以构件、部品装配施工代替传统现浇或手工作业，实现工程建设装配化施工的过程。

（4）一体化装修：一体化装修是指建筑室内外装修工程与主体结构工程紧密结合，装修工程与主体结构一体化设计，采用定制化部品部件实现技术集成化、施工装配化，施工组织穿插作业、协调配合。

（5）信息化管理：以 BIM 信息化模型和信息化技术为基础，通过设计、生产、运输、装配、运维等全过程信息数据传递和共享，在工程建造全过程中实现协同设计、协同生产、协同装配等信息化管理。

新型建筑工业化的"五化"特征是有机的整体，是一体化的系统思维方法，是"五化一体"的工业化建造方式。在工业化建筑的建造全过程中通过"五化"的具体表征，能够全面、系统地表征工业化建造的主要环节和组织实施方式。

3. 新型建筑工业化发展目标

党的十六大针对我国新型工业化发展明确提出：坚持以信息化带动工业化，以工业化融合信息化，走出一条科技含量高、效率效益好、资源消耗低、环境污染少、人力资源优势得到充分发挥的新型工业化道路。

在新的历史条件下，我国建筑业的新型建筑工业化的发展目标，应与制造业的发展目标异曲同工，没有本质区别。新型建筑工业化的发展目标，就是要以工业化深度融合信息化，走出一条科技含量高、工程质量优、效率效益好、资源消耗低、环境污染少、人力资源优势得到充分发挥的新型建筑工业化道路，最终实现建筑产业现代化。

4. 新型建筑工业化的内涵

（1）具有历史性和世界性的范畴

1）历史性范畴：所谓历史性范畴是指工业化随着历史的发展有着不同的具体内容和标志，早期的建筑工业化主要是以标准化、机械化、部品化与装配化为标志和内容。进入新时代，随着世界经济由工业时代过渡到信息时代，并逐步向数字时代演进，建筑工业化的未来发展进入了智能化、信息化和数字化为标志的时代，同时也面临着以日新月异的技术变革为中心的信息技术、知识经济的挑战。

2）世界性范畴：所谓世界性范畴即建筑工业化的内容和标志不是孤立的，而是在世界范围内各国的相互比较中才能确定的，是指建筑产业的工业化程度和发展水平要达到当今世界的先进水平。

（2）具有革命性、根本性、系统性和全局性

进入新时代，随着我国经济社会进入全面深化改革期，建筑产业也正在经历前所未有的深刻变革，这种变革具有革命性、根本性、系统性和全局性。对于传统建筑产业来说，这是一次生产方式的革命，是一次大浪淘沙，甚至会引发行业"洗牌"。为此，现代建筑产业的创新发展，必须要树立新发展理念、新思维方式。

1）革命性：发展新型建筑工业化是建造方式的变革，也是生产方式的革命，是从传统粗放的建造方式向新型工业化建造方式转变。

2）根本性：通过生产方式的革命，改变传统粗放的建造方式，能够从根本上解决工程建设长期存在的质量不佳、安全隐患等顽疾；能够实现工程项目整体效率效益最大化；能够全面系统解决绿色化、数字化转型等创新发展问题。

3）系统性：发展新型建筑工业化必须具有以"建筑"为最终产品的理念，具有系统性的思维方法，不仅涉及工程建设的技术系统集成，而且也涉及技术、管理与信息技术的深度融合，以及专业化分工、产业链协同等系统性、整体性变革。

4）全局性：发展新型建筑工业化不单纯是一个部门的工作，也不是一

个"装配率"就能覆盖,而是一个庞大的、复杂的系统工程,涉及工程建设的方方面面。包括设计、生产、施工和管理等全方位,也包括项目立项审批、工程造价、审图制度、工程管理等体制机制。

(3)与传统建造方式的主要区别

新型工业化建造方式与传统建造方式相比,在房屋建造的全过程中,无论在建筑设计阶段、土建施工阶段、装饰装修阶段和运行管理阶段都有很大的区别,以工程项目为例,其主要区别可以归纳为表1-1所示。

新型工业化建造方式与传统建造方式的区别　　　表 1-1

内容	传统建造方式	新型工业化建造方式
设计阶段	不注重一体化设计; 设计专业协同性差; 设计与施工相脱节	标准化、一体化设计; 信息化技术协同设计; 设计与施工紧密结合
施工阶段	现场施工湿作业、手工操作为主 工人综合素质低、专业化程度低	设计施工一体化、构件生产工厂化; 现场施工装配化、施工队伍专业化
装修阶段	以毛坯房为主; 采用二次装修	集成定制化部品、现场快捷安装; 装修与主体结构一体化设计、施工
验收阶段	竣工分部、分项抽检	全过程质量检验、验收
管理阶段	以包代管、专业化协同弱; 依赖农民工劳务市场分包; 追求设计与施工各自效益	一体化、数字化管理模式; 专业化分包协作管理模式; 追求项目整体效益最大化

1.1.4　几个称谓的相关概念与辨析

1. 装配式建筑与新型建筑工业化

国家提出大力发展装配式建筑,就是从最能直接表达工业化程度的"装配化"起步,促进传统粗放的建造方式向新型工业化建造方式转变,实现建造方式的变革。但是,"装配化"不是目的,也不是工业化建造方式的全部,而是体现技术进步与工业化优势的先进生产力代表,也是促进建筑工业化发展的驱动力和方向标,通过"装配化"的牵引,综合考虑建筑系统及工业化的特性,并使之有机结合,才能使工业化建造方式的优势得以充分体现。

在 2020 年 8 月出台的《住房和城乡建设部等部门关于加快新型建筑工业化发展的若干意见》（建标规〔2020〕8 号）中，明确指出"以装配式建筑为代表的新型建筑工业化快速推进"，充分表明了装配式建筑与新型建筑工业化的发展关系，同时也提出未来的发展要求，就是由装配式建筑的起步阶段，进入到新型建筑工业化全面发展阶段。

2. 工业化与产业化的区别

工业化与产业化从普遍含义来说都指产业发展和技术进步达到一定程度后所必经的阶段，但是两个概念依然有所区别。产业化的概念是从"产业"概念发展而来的，产业化过程应该是整个经济的各类要素通过不断地调配而趋向配置及效益均衡的过程，而工业化过程则更为具体，更侧重于生产方式的变革。从某种意义上说，当早期人类开始进行一定范围的物物交换的时候，最低级形态的产业化实际上就开始萌芽了。此后人类一直处于缓慢但从未中断的产业化进程中，而工业化则只是数百年前随着工业革命的发展才开始的。因此说，产业化是整个产业链的优化和配置，工业化则重点关注领域内生产方式的改变，工业化是实现产业化的手段和方式，从内涵和外延上看，产业化高于工业化。

3. 建筑工业化与建筑产业现代化的区别

现在很多涉及建筑工业化的概念，往往与建筑产业现代化的概念相互混淆，有必要进行区分。建筑工业化主要是生产方式的工业化，是从传统生产方式向现代工业化生产方式的转变，是建筑生产方式的变革，主要解决房屋建造全过程中的生产方式问题，包括技术、管理、劳动力、生产资料等，目标更具体明确。而建筑产业现代化是"集大成"的、全方位的，具有世界的视野和角度。具体而言，是针对整个建筑产业链的产业化，解决建筑产业的发展理念、组织结构、资源优化配置以及全产业链、全寿命周期的发展问题，重点解决建造过程的连续性问题，使资源优化、整体效益最大化。

标准化、装配化、集约化和社会化是工业化的基础和前提，工业化是产业化的核心，只有工业化达到一定程度才能实现产业现代化，建筑工业化的发展目标就是实现建筑产业现代化。

总之，装配式建筑是新型建筑工业化的起步阶段，新型建筑工业化则代表装配式建筑进入全面发展阶段，建筑产业现代化是新型建筑工业化的发展目标。

1.2 新型建筑工业化发展背景

1.2.1 新型建筑工业化的提出

1. 国家宏观发展要求

建筑业走新型建筑工业化发展道路，是推进中国式现代化的必由之路。工业化与现代化密不可分，工业化是现代化的动力和前提，是由工业化驱动向现代化演进的过程。走新型建筑工业化发展道路，既遵循世界经济发展的一般规律，也为我国建筑业充实了新的发展内容并指明了新的发展路径；既包含了对西方建筑工业化的理性反思，也包含了实现具有国际竞争力的"中国建造"强国的积极探索和实践。加快推进我国新型建筑工业化，到21世纪中叶基本实现新型建筑工业化，仍然是我国建筑业高质量发展进程中的艰巨任务，也是事关建筑业转型发展大局、牵一发动全身的重大经济问题。

从我国建筑工业化发展历程中可以清楚地看到，我国早在新中国成立之初，就提出了实现建筑工业化的任务。经过70年的奋斗，特别是改革开放40多年的发展，我国已经成为拥有一定程度的标准化、机械化和工业化水平的建筑业大国。但是，我国建筑工业化任务仍未完成，总体上还处在发展的中期阶段，与已经实现建筑工业化的发达国家相比还有相当大的差距。我国建筑业长期以来主要依赖资源要素投入和大规模投资拉动，发展不平衡不充分的问题仍然十分突出，产业大而不强、发展方式粗放、劳动生产效率低、建筑品质不高等问题，严重制约了建筑业的持续健康发展，也直接影响了向新型工业化转型的进程，迫切需要走出一条内涵集约式的高质量发展新路子。

近年来，先后印发了《住房和城乡建设部等部门关于推动智能建造与建筑工业化协同发展的指导意见》（建市〔2020〕60 号）、《住房和城乡建设部等部门关于加快新型建筑工业化发展的若干意见》（建标规〔2020〕8 号）以及《住房和城乡建设部关于印发"十四五"建筑业发展规划的通知》（建市〔2022〕11 号）等文件，明确提出以新型建筑工业化带动建筑业全面转型升级，推动智能建造与新型建筑工业化深度融合，打造具有国际竞争力的"中国建造"品牌，这无疑为推动新型建筑工业化发展指明了方向。

2. 数字化转型发展要求

伴随着我国国民经济和社会的快速发展，以信息技术为代表的新一轮科技革命和产业变革加速演变，以人工智能、大数据、物联网、5G 和区块链、大模型等为代表的新一代信息技术日臻成熟，已成为各行业和企业转型升级与高质量发展的重要驱动力。数字经济发展的速度之快、辐射范围之广、影响程度之深前所未有，正在成为重组产业要素资源、重塑经济结构、改变发展格局的关键力量。以数字转型整体驱动生产方式、生活方式和管理模式变革，将进一步培育和催生经济增长的新动能。进入数字化时代，数字经济对我国建筑业创新发展同样带来了巨大的影响和变革，建筑企业生产经营的外部环境和内在管理形态也正在发生重大变化，新形势、新业态对建筑企业的生产技术与管理水平提出了重大挑战。建筑业要实现高质量发展，就需要跟上时代步伐，加快提升信息化、数字化、智能化技术与管理应用水平。

面向未来，我们必须要清醒地看到，根据中国企业联合会 2021 年 12 月发布的《2021 国有企业数字化转型发展指数与方法路径白皮书》的评估，当前我国建筑业整体数字化水平在所有行业里排名倒数，大多数企业仍处于起步阶段，转型基础相对薄弱，未来仍有较大提升空间。建筑企业如何逐步完成数字化转换、实现数字化升级？如何触及企业的核心业务，实现发展理念、组织方式、业务模式、经营手段等的全方位变革？这些都是值得深入探讨的重要课题。尤其在新发展阶段，亟须把握建筑产业信息化、数字化、智能化变革发展趋势，深度融合新一代信息技术，创新突破工业化核心技术，努力实现弯道超车，力争在智能建造发展新赛道上走在前列。

世界正在进入以信息产业为主导的经济发展时期。我们要把握数字化、网络化、智能化融合发展的契机，以信息化、智能化为杠杆培育新动能。《住房和城乡建设部等部门关于推动智能建造与建筑工业化协同发展的指导意见》（建市〔2020〕60号），提出以大力发展建筑工业化为载体，以数字化、智能化升级为动力，加快形成涵盖科研、设计、生产加工、施工装配、运营等全产业链融合一体的智能建造产业体系，为建筑业高质量发展规划了新赛道。

3. 装配式建筑发展要求

2016年2月，中共中央、国务院印发《关于进一步加强城市规划建设管理工作的若干意见》，明确提出："大力推广装配式建筑，减少建筑垃圾和扬尘污染，缩短建造工期，提升工程质量。制定装配式建筑设计、施工和验收规范。完善部品部件标准，实现建筑部品部件工厂化生产。鼓励建筑企业装配式施工，现场装配。建设国家级装配式建筑生产基地。加大政策支持力度，力争用10年左右时间，使装配式建筑占新建建筑的比例达到30%"。

为了贯彻落实中共中央决策部署，2016年9月，《国务院办公厅关于大力发展装配式建筑的指导意见》（国办发〔2016〕71号）正式发布，明确提出了"发展装配式建筑是建造方式的重大变革，是推进供给侧结构性改革和新型城镇化发展的重要举措，有利于节约资源能源、减少施工污染、提升劳动生产效率和质量安全水平，有利于促进建筑业与信息化工业化深度融合、培育新产业新动能、推动化解过剩产能"，深刻表明了发展装配式建筑的重大意义和作用。

近年来，在国家和地方政府的统一部署和推动下，以装配式建筑为着力点，推动了新型建筑工业化快速发展。经过7年多发展，30多个省市纷纷出台相关配套政策，市场主体踊跃参与，标准体系基本完善，技术体系日益成熟，工程项目遍地开花，全国上下形成了发展装配式建筑的政策氛围和市场环境，以装配式建筑为代表的新型建筑工业化的整体发展态势已经初步形成，在促进建筑产业转型升级，推动城乡建设高质量发展方面发挥了重要作用。

发展装配式建筑是建造方式的重大变革，也是生产方式的革命，有利于提高建筑工程质量和品质，有利于提高工程效率和效益，有利于促进工程建设全过程实现绿色建造的发展目标，是新时代建筑业由高速增长阶段向高质量发展阶段转变的重要举措。通过装配式建筑发展和驱动，能够极大地促进建筑工业化与信息化深度融合，改变建筑业传统粗放的发展方式，提高建筑业整体素质和能力。发展装配式建筑为我国建筑业转型升级提供了新理念、新机遇；为解决建筑业长期以来一直延续的传统粗放的发展方式，提供了新型建筑工业化的发展理念；为新时期建筑业的创新发展，提供了前所未有的机遇和挑战。

1.2.2　建筑工业化发展历程

中国建筑工业化发展，经历了 70 年曲折而漫长的发展历程，涵盖并伴随着我国建筑业技术进步与成长的全过程、全方位。从"一穷二白"开始，学习苏联经验，到装配式大板建筑的兴衰，再到机械化现浇混凝土技术发展，直至今日以装配式建筑为代表的新型建筑工业化。我国建筑工业化就是在这样的背景和状况下不断发展和前行。就中国建筑工业化的发展历程而言，根据不同历史时期的特点，可划分为以下五个发展阶段：一是起步探索阶段（1950~1955 年）；二是初步发展阶段（1956~1965 年）；三是曲折发展阶段（1966~1998 年）；四是快速发展阶段（1999~2015 年）；五是创新发展阶段（2016 年至今）。

（1）起步探索阶段（1950~1955 年）：通过向苏联学习，初步掌握工业化的建筑技术并具备基本建造能力。

在这一阶段，我国百废待兴，建筑业可谓"一穷二白"，工程建设突出表现为依附性和落后性。一方面中国工程建设的原材料和技术装备依赖于国外；另一方面中国的建筑设计和建造技术水平都很低。面对这样的一个现实，国家为了经济建设发展，首先是向苏联学习工业厂房设计和建造技术，大量的重工业厂房多数是采用预制装配建造技术进行建设，比如柱、梁、屋架和屋面都在建筑工地的附近进行预制，在现场用履带式起重机安装，并带动了我国建筑机械、材料和构配件的发展。同时，在这个阶段我国开始全面引入苏联设计标准，包括建筑设计、钢结构、木结构和钢筋混凝土结构设计规范全部译自俄文。国家级的设计院都聘有苏联专家，设计思维方法与国际接轨，我国也派出了大批人员留学苏联，学习当时具有工业化的设计方法以及与世界接轨的工业化的建筑技术，标准化设计也很快得到了应用。

1955 年，国家建工部借鉴苏联的经验，第一次提出要实行建筑工业化，发展工厂化生产、机械化施工，发展标准化设计。同年，在北京东郊百子湾兴建了北京第一建筑构件厂，生产工艺参照苏联列宁格勒构件厂，机械化流水作业，主要产品为混凝土屋面板和空心楼板。对于中国建筑工业化发展来说，这一阶段的突出特点是，形成了建筑工业化的社会化大生产的观念，通过学习先进技术、引进装备、培养人才，为中国建筑工业化的起步和建筑业体系的完整建立奠定了基础。

（2）初步发展阶段（1956～1965 年）：初步具备自主发展能力，工业化技术体系基本形成。

1956 年 2 月，全国第一次基本建设会议召开，正式肯定了"建筑工业化是建筑业的发展方向"。同年 5 月，在苏联专家的影响下，由国家建工部组织起草，并以国务院的名义发布《关于加强和发展建筑工业的决定》，明确提出了"为了从根本上改善我国的建筑工业，必须积极地有步骤地实行工厂化、机械化施工，逐步完成对建筑工业的技术改造，逐步完成向建筑工业化的过渡"的发展要求。这是中国最早提出的关于建筑工业化的文件，标志着中国建筑工业化进程的开始。

1960 年，中苏关系出现了变化，苏联撤走了全部在华专家，撕毁了合同，对我国建筑业造成了一定影响。但是，经过前期对苏联建筑技术持续的学习与实践，中国建筑工业化已经具备了初步的自我发展能力。中华人民共和国成立十周年大庆，首都十大献礼工程成为对中国建筑工业化和建筑业技术进步的一次大阅兵，人民大会堂、中国革命博物馆和历史博物馆、军事博物馆、农业展览馆、民族文化宫、北京工人体育场、北京火车站、民族饭店、华侨大厦、钓鱼台国宾馆全部由中国人自行设计与建造，都具有一定的建筑工业化程度和水平。其中，北京民族饭店，是在 1959 年，由中国自主建立的第一座现代意义上的装配式建筑，首次采用预制装配式框架，主体结构的装配化程度达到了 60.47%，所有装配的构件都是在预制厂制作完成。在短短的十个月时间里，创造了建筑业的奇迹，也通过举国体制对工业化的建筑技术体系和建造技术进行了梳理完善，并进一步加强了对工业化的建筑设计和建造技术水平能力提升的重要性认识。

这一时期，在人才培养方面也取得了很大进展，早期派出西方国家的留学生陆续回国，成为建筑行业发展的带头人，很多高等院校也都加强了相关研究与人才培养，清华大学、同济大学、哈尔滨工业大学、重庆建筑高等专科学校等学校为行业的发展培养了一大批技术人才。我国著名建筑学家梁思成先生，于 1962 年 9 月在《人民日报》上发表《从拖泥带水到干净利索》，梁先生畅想"在将来大规模建设中尽可能早日实现建筑工业化。那时候，我们的建筑工作就不要再拖泥带水了"。在建筑技术与产品方面，民用建筑的砌体结构技术、单层工业厂房的排架结构技术，以及相配套的各种建筑材料、门窗、构配件、建筑砌块等得到了较快的发展。随着工业化技术水平的不断完善，我国的建筑业开始逐步从手工作业向机械施工作业转变，初步具备了机械化、半机械化的施工技术与设备的基础和条件。这一阶段建筑工业化的技术进步的突出特点主要是：自主发展能力初步具备，工业化的建筑技术体系基本建立，大规模的工程建造技术和建造能力基本掌握。

（3）曲折发展阶段（1966 ~ 1998 年）：陷入了曲折的发展阶段，工业化的建筑技术在困难中发展前行。

此阶段的前 10 年，我国经济发展停滞不前，工业化、城镇化步伐大大放缓甚至倒退。在建筑工业化发展方面，虽然在单层工业厂房建造技术、预制混凝土构件生产，以及标准图集等方面有所进步，但是，建筑业的整体技术发展与管理陷入瘫痪状态，建筑业生产力受到严重破坏，劳动生产率大幅度下降，工程事故之多为历年以来罕见，工业化的建筑技术进步基本上处于停滞不前的状态。

党的十一届三中全会后，在政府和专家的努力下，我国的建筑工业化经历了一度繁盛。1978 年，国家建委先后在河北香河召开了全国建筑工业化座谈会、在河南新乡召开了全国建筑工业化规划会议，明确提出了建筑工业化的概念，即"用大工业生产方式来建造工业与民用建筑"，并提出"建筑工业化以建筑设计标准化、构件生产工厂化、施工机械化以及墙体改革为重点"。由此，建筑工业化进入了新的发展时期。特别是，北京市在短短 10 年内建设了 2000 多万平方米的装配式大板建筑，装配式结构在民用建筑领域掀起了一次工业化的高潮，20 世纪 80 年代末全国已有数万家预制混凝土构件厂，全国预制混凝土年产量达 2500 万 m^3。但是，由于采用预制板的建筑在 1976 年唐山大地震中破坏严重，再加上渗漏、隔声和保温性能差等原因，装配式大板住宅基本停止发展并淘汰出局。与此同时，现浇结构体系得到大规模应用，虽然现浇结构现场作业量大，环境、粉尘和噪声污染严重，但现浇结构整体性好、刚度大、抗震性能好，随着农民工大量进城，现浇结构的施工效率、成本优势凸显。不可否认，现浇结构体系也是我国建筑工业化的重要组成部分。

1995 年，建设部出台了《建筑工业化发展纲要》，给出了更为全面的建筑工业化定义，即"建筑工业化是指建筑业要从传统的以手工操作为主的小生产方式逐步向社会化大生产方式过渡，即以技术为先导，采用先进、适用的技术和装备，在建筑标准化的基础上，发展建筑构配件、制品和设备的生产，培育技术服务体系和市场的中介机构，使建筑业生产、经营活动逐步走上专业化、社会化道路"。在这一时期，建筑技术发展的重点也逐步转向了施工、生产专业化和社会化，主要表现在：商品混凝土生产已经成为独立行业，装饰装修企业已具有相当的生产能力，机械租赁经营业务发展加快，建筑防水专业公司队伍不断扩大，模板、脚手架的专业租赁和承包业务有较快的发展，高层建筑机械化施工有很大突破，构配件与制品生产能力不断提高，钢制、塑料门窗生产企业如雨后春笋般遍布各地，建筑标准化得到进一步完善。但总体来说，在此阶段，我国建筑工业化发展相对缓慢。

（4）快速发展阶段（1999～2015 年）：新技术、新产品、新工艺和新设备不断涌现，初步建立了我国建筑工业化的技术政策体系。

21 世纪初，随着我国改革开放和经济社会的快速发展，城市基础设施和住宅建设需求量加大以及建筑业生产力水平的提高，促使国家建设主管部门认识到，我国建筑业的发展仍处在粗放式的较低水平，迫切需要通过推进住宅产业现代化，促进建筑技术进步，提高建筑工程质量。1999 年国务院发布了《关于推进住宅产业现代化提高住宅质量的若干意见》（国办发〔1999〕72 号）文件，以推广应用先进技术、完善住宅建筑体系、提高建筑工程质量品质为主要内容，明确了住宅产业现代化的发展目标、任务、措施等要求。

2006 年，建设部出台了《国家住宅产业化基地试行办法》，在此期间，全国先后批准了 50 多个企业设立国家级产业化基地，为我国工业化的建筑技术进步发挥了引领和示范作用，为建筑工业化创新发展奠定了坚实的基础。包括万科、黑龙江宇辉、长沙远大、南京大地、中南建设、合肥宝业、杭萧钢构、山东万斯达等一大批企业，开展了全方位、多角度的研究，形成了预制装配式混凝土结构技术，钢结构建筑体系、钢筋套筒灌浆连接与浆锚连接等关键技术，预制叠合剪力墙结构、预应力结构、装配式装修技术，以及机电设备管线分离技术等多维度的技术与管理成果。

2010 年 8 月，住房和城乡建设部产业化促进中心在哈尔滨市组织召开"第一届全国建筑工业化生产方式暨预制装配式混凝土结构技术现场交流会"，国内从事技术研究、开发、生产和施工的专家和企业近 600 人参加，广泛交流预制装配式混凝土结构技术应用的经验和存在的问题，本次现场交流会开启了我国新时期建筑工业化发展的新篇章。2011 年，沈阳市人民政府获住房和城乡建设部正式批准为国家现代建筑产业化试点城市，同年 6 月在合肥市又成功举办了"第二届建筑新型工业化生产方式与产业化技术交流大会"，全国业界代表近千人参加了会议，会议反响热烈、影响深远。

在这一时期的另一个显著特点就是产学研相结合，全面学习借鉴先进国家经验，对日本、美国、德国、澳大利亚等国家的技术进行了系统研究，结合各国不同的技术特点，通过引进和消化吸收，首次形成了具有中国特色的装配式混凝土结构、钢结构等技术体系。后经各方的共同努力，结合新技术、新工艺、新材料的发展，编制并颁布了《装配式建筑评价标准》GB/T 51129、《装配式混凝土结构技术规程》JGJ 1 等一批技术标准、规范，奠定了装配式建筑发展的技术和标准理论基础，建筑工业化得到了快速发展。

（5）创新发展阶段（2016 年至今）：以装配式建筑为重点，进入新型建筑工业化发展新阶段。

2016 年以后，随着我国城市建设和建筑业的产业规模不断扩大，人们对建筑质量、建筑节能环保的要求不断提高，以及人口红利逐步淡出的客观事实，建筑业必须进行转型升级，实现创新发展。对此，国家给予了高度重视，从政策措施、体制机制上进行了顶层设计，出台了一系列纲领性的文件。

2016 年 2 月，中共中央、国务院出台了《关于进一步加强城市规划建设管理工作的若干意见》，明确提出"大力推广装配式建筑……，加大政策支持力度，力争用 10 年左右时间，使装配式建筑占新建建筑的比例达到 30%"。这是在建筑业发展史上，首次以中共中央的文件提出大力发展装配式建筑的要求，具有划时代的意义。

为了进一步贯彻落实中共中央文件要求，2016 年 9 月，出台了《国务院办公厅关于大力发展装配式建筑的指导意见》（国办发〔2016〕71 号），提出了大力发展装配式建筑的指导思想、基本原则、工作目标、八大重点任务和四大保障措施。同时，住房和城乡建设部出台了《"十三五"装配式建筑行动方案》。在国家和地方政策的持续推动下装配式建筑实现了大发展，全国 30 多个省市都纷纷出台了指导意见和相关配套的鼓励政策措施，发展方向越发明确，发展路径日渐清晰，技术创新层出不穷，标准体系逐步完善，企业热情空前高涨，各方面工作都取得了重大进展，也为建筑业的改革与创新发展，注入了强大活力。

2017 年 2 月，出台了《国务院办公厅关于促进建筑业持续健康发展的意见》（国办发〔2017〕19 号），指出了新时代建筑业改革发展的方向，明确了主要目标和政策措施。其中第七项重点工作明确提出"推进建筑产业现代化"。

2020 年 7 月，住房和城乡建设部联合国家发展和改革委员会、科学技术部等 13 部门印发了《关于推动智能建造与建筑工业化协同发展的指导意见》（建市〔2020〕60 号）。文件指出"以大力发展建筑工业化为载体，以数字化、智能化升级为动力，创新突破相关核心技术，加大智能建造在工程建设各环节应用，形成涵盖科研、设计、生产加工、施工装配、运营等全产业链融合一体的智能建造产业体系"。

2020 年 8 月，住房和城乡建设部与工业和信息化部、自然资源部、生态环境部等 9 部门联合印发了《关于加快新型建筑工业化发展的若干意见》（建标规〔2020〕8 号）（以下简称《意见》）。《意见》中明确提出"以装配式建筑为代表的新型建筑工业化快速推进，建造水平和建筑品质明显提高"。进一步明确了装配式建筑与新型建筑工业化承上启下的发展关系，是当前和今后一个时期，指导装配式建筑为代表的新型建筑工业化发展、提高建造水平和建筑品质、带动建筑业全面转型升级的重要文件，《意见》主要明确了 9 大方面 37 条具体的政策措施。

2022 年 1 月，住房和城乡建设部印发《"十四五"建筑业发展规划》（建市〔2022〕11 号），阐明了"十四五"时期建筑业发展的战略方向，明确了发展目标和主要任务，是"十四五"时期行业发展的指导性文件。文件提出了加快智能建造与新型建筑工业化协同发展等重点任务。

在这一阶段，我国建筑工业化的发展真正体现了"创新、协调、绿色、开放、共享"的新发展理念，不仅系统地开展了装配式建造技术的创新，明确了新型建筑工业化的发展方向，而且更加强调与智能建造融合发展；并且通过国家装配式建筑产业化基地的引领和带动，以及产学研的紧密合作，大力加强关键技术开发与技术集成研究，加速了企业核心竞争力形成，促进了新型建筑工业化的创新发展。

1.2.3 新型建筑工业化的发展环境

我国新型建筑工业化的发展既是全面建设社会主义现代化国家,实现第二个百年奋斗目标的必然要求,也是适应建筑业转型升级,实现高质量发展的内在要求。当前,我国的劳动力资源日益短缺、要素成本明显上涨、资源能源约束不断加强、信息化技术快速发展等因素,已经对建筑业发展产生了深远影响。国内政策环境与市场环境的不断变化、科技革命与产业变革的日新月异、现代建筑产业蓬勃发展的有利条件和不利因素,这些都构成了我国新型建筑工业化的发展背景和宏观经济的发展环境。

1. 迈入全面建设社会主义现代化国家新征程

进入新时代,我国开启了全面建设社会主义现代化国家的新征程,建筑业作为国民经济支柱产业,不仅要全面支撑社会主义现代化国家建设,而且自身也必然要实现现代化。党的二十大报告明确提出到 2035 年基本实现新型工业化,推进新型工业化是实现中国式现代化的必然要求。建筑产业现代化就是秉承新发展理念,运用现代科学技术与管理模式,实现对传统建筑产业的更新、改造和升级,形成具有可持续发展的高级产业形态的全过程。这不仅是要走出一条新型建筑工业化发展道路,更是一种现代建造文明形态带来的产业聚变;这不仅体现了社会主义现代化建设的发展规律,更是展现了"中国建造"强国的现代化水平;这不仅是住房和城乡建设领域的光明前景,更是新时代赋予我们这一代建筑工作者的历史责任。

2. 建筑产业进入高质量发展新阶段

党的二十大报告把高质量发展作为全面建设社会主义现代化国家的首要任务,着力推动经济发展质量变革、效率变革、动力变革。建筑业作为国民经济的重要支柱产业和富民产业,长期以来主要依赖资源要素投入、大规模投资来拉动发展,也由此造成了产业大而不强、发展方式粗放、产业结构碎片化、劳动生产效率低、企业核心能力不强、建筑品质总体水平不高等发展不平衡不充分的深层次矛盾和问题依然十分突出。要突破这些发展瓶颈必须坚持创新驱动转型发展,走出一条新型建筑工业化的发展道路。

这有利于推进工程建造技术变革创新，有利于重塑产品形态、生产方式、商业模式、管理机制，有利于催生新的产业、新的业态，形成新的经济增长点、增长极，为建筑业转型升级和高质量发展提供强劲助力。住房和城乡建设部等部委印发《关于加快新型建筑工业化发展的若干意见》，"明确提出以新型建筑工业化带动建筑业全面转型升级、打造具有国际竞争力的'中国建造'品牌"，为推动新型建筑工业化全产业链发展指明了方向路径。

3. 建筑工业化与信息化深度融合发展

发展新型建筑工业化，必须要大力推进信息化、数字化、智能化与建筑工业化相融相长、耦合共生。这是当前我国加快转变经济发展方式，走新型建筑工业化道路所提出的重大战略举措。近年来，建筑工业化、互联网＋、数字化和人工智能快速发展，极大地促进了建筑信息化管理的提出和发展，对建筑业科技进步产生了重大影响，已成为建筑业实现技术升级、生产方式转变和管理模式变革，带动管理水平提升，加快推动转型升级的有效手段。尤其是基于 BIM、物联网、大数据、云服务平台等的应用，保证了产业链上各参与方之间在各阶段、各环节的信息渠道的畅通，为现代建筑产业发展带来新的飞跃。客观地讲，目前建筑产业信息化程度还处在初级应用阶段，甚至还有一些企业信息化才刚刚起步，整体信息化程度远远地落后于其他产业。信息化为建筑业开辟了新天地，带来了新机遇。随着信息技术的发展，越来越多的企业认识到，为了跟上信息化社会发展的步伐，企业必须消除信息孤岛，实现上下互联互通，提升企业运营管理效率。

4. 能源资源和生态环境约束进一步强化

绿色建造是新型建筑工业化发展的本质要求，也是解决资源能源短缺和生态环境污染问题的根本之策。党的十九大把推进绿色发展作为生态文明建设的首要任务。建筑产业正处在转型与创新发展的关键时期，必须要从党和国家事业发展全局出发，把绿色发展摆在更加重要的位置，切实担负起生态文明建设的政治责任。建筑产业作为国民经济支柱产业，对我国社会经济发展、城乡建设和民生改善作出了重要贡献。但是，我国建筑产业与发达国家相比，长期以来，主要是以"大量生产、大量消耗、大量排放"

的粗放式发展方式为主，这些问题集中反映了我国建筑产业目前仍是一个劳动密集型、建造方式相对落后的传统产业，已经不能适应生态文明建设以及新时代高质量发展的要求。新型建筑工业化是一个系统工程，涉及发展理念、生产方式、生活方式等各方面的深刻变革，必须摒弃传统粗放的老路，以新发展理念为指引，通过转型升级推动形成与绿色发展相适应的新型建造方式，改变低成本要素投入、高生态环境代价的发展模式，推动建筑产业加快实现转型升级和生态环境保护"双赢"的高质量发展。

1.2.4　新型建筑工业化发展的有利条件

1. 国家深入推进建筑业改革和发展

近年来，建筑业改革政策密集出台。2017 年 2 月，《国务院办公厅关于促进建筑业持续健康发展的意见》（国办发〔2017〕19 号）颁布，指出了新时代建筑业改革发展的方向，明确了主要目标和政策措施，是现阶段建筑业改革发展的纲领性文件，从深化建筑业简政放权改革、完善工程组织模式、加强工程质量安全管理、优化建筑市场环境、提高从业人员素质、推进建筑产业现代化、加快建筑企业"走出去"等方面提出了 20 条措施，对促进建筑业持续健康发展具有重要意义。改革的深入发展为建筑业转型升级创造了良好的环境，使建筑业处于创新发展和大有作为的战略机遇期，使建筑产业进入了产业现代化全面提升的新阶段。

2. 城市建设新要求提供了广阔市场

改革开放以来，城镇化和城市建设取得了巨大成就，但城市基础设施总量不足、水平偏低、发展不均衡、"城市病"普遍存在等问题制约了城市的发展。目前国家大力推进城镇老旧小区改造工作，重点改造 2000 年底前建成的住宅区，完善小区配套和市政基础设施、环境，提升社区养老、托育、医疗等公共服务水平。自 2019 年起将城镇老旧小区改造纳入保障性安居工程，安排中央补助资金支持。2019 年，各地改造城镇老旧小区 1.9 万个，涉及居民 352 万户。2023 年初，住房和城乡建设部倪虹部长在全国住房和城乡建设工作会议上明确提出：以实施城市更新行动为抓手，着力打造宜居、韧性、智慧城市，在设区的城市全面开展城市体检，全面开展完整社区建设试点，新开工改造城镇老旧小区 5.3 万个以上；加快城市基础设施更新改造，新开工城市燃气管道等老化更新改造 10 万千米以上，改造建设雨水管网 1.5 万千米以上，因地制宜推进地下综合管廊建设。以发展保障性租赁住房为重点，加快解决新市民、青年人等群体住房困难问题。大力增加保障性租赁住房供给，扎实推进棚户区改造，新开工建设筹集保障性租赁住房、公租房和棚改安置住房 360 万套（间）。这些城市建设发展的重要举措，必将为现代建筑产业的发展带来新生态、新机遇。

3. 城乡建设绿色发展带来新机遇

2020 年 9 月，习近平主席在第 75 届联合国大会一般性辩论上表示，二氧化碳排放力争于 2030 年前达到峰值，努力争取 2060 年前实现碳中和。"双碳"目标作为国家重大战略深入推进。城乡建设是实现"双碳"目标的重要领域，《中共中央、国务院关于完整准确全面贯彻新发展理念做好碳达峰碳中和工作的意见》和国务院印发的《2030 年前碳达峰行动方案》，明确要求"加快推进城乡建设绿色低碳发展"，其中，减少建筑碳排放是重点之一。发展新型建筑工业化是建筑业实现绿色建造、低碳循环发展的重要举措，可有效解决传统建造方式存在的低水平、低效率、高消耗、高排放问题，为建筑碳排放达峰作出积极贡献。中共中央办公厅、国务院办公厅印发《关于推动城乡建设绿色发展的意见》，明确城乡建设绿色发展蓝图，提出一揽子推进措施和扶持政策，将有力促进新型建筑工业化全产业链发展。

4. 装配式建筑发展奠定坚实基础

2016 年党中央国务院首次提出了"大力发展装配式建筑"的要求。经过 8 年多来的发展，全国大部分省市均出台了相关政策措施，技术标准体系日趋完善，示范项目遍布全国各地，极大地激发了企业的热情和市场活力，也得到了业界的广泛参与和共识，装配式建筑已形成蓬勃的发展态势；以绿色化、工业化、信息化为主要特征的新技术、新管理和新模式不断涌现，为建筑业高质量发展注入了生机动力，为推动新型建筑工业化，实现"建造强国"奠定了坚实基础；一大批以装配式建造为核心业务的科技型企业应运而生，已成为推动建筑业转型发展与科技创新的重要力量，极大地促进了传统粗放建造方式向新型建筑工业化的转型升级，彰显了智能建造与建筑工业化融合发展的必然趋势。

1.3　新型建筑工业化发展面临的问题

1.3.1　建筑产业发展现状

长期以来，建筑业作为我国国民经济的支柱产业，为经济社会发展、城乡建设和民生改善作出了重要贡献。但是，从产业视角看，目前我国建筑业大而不强，产业基础薄弱、产业链协同水平不高、产业组织碎片化、产业工人技能素质低、建造方式粗放、组织方式落后等问题还较为突出，仍未摆脱传统粗放式发展方式。主要表现在以下方面：

1. 产业大而不强、缺乏核心竞争力

（1）生产产值高、利润效益低。长期以来，建筑业依赖我国经济快速发展的强大市场，规模由小变大，但大而不强。从建筑业发展统计分析报告中看，2022 年，建筑业总产值达 31.2 万亿元，产值利润率（利润总额与总产值之比）仅有 2.68%，近 10 年来，建筑业产值利润率一直在 3% 上下徘徊，而且有逐年下滑的趋势。

（2）产业规模大、核心能力弱。全国建筑企业单位数在 10 万家左右，普遍缺乏核心竞争能力，同质化竞争严重。企业经营业务结构单一、发展方式单一，在企业组织架构设置、管理体系优化以及协同技术创新等方面，尚难以形成差异性的核心竞争能力。作为市场和价值链主体的建筑业在行业和企业之间尚未形成社会化的多层级的专业化分工协作，大型企业工程总承包能力不"强"，中小企业专业化程度不"精"。

（3）工人流动大、技能素质低。大部分建筑企业的生产运营模式，主要是以工程管理公司经营为主，没有自己长期培育的产业工人队伍，工程项目的从业工人主要依赖劳务市场的农民工队伍，流动性工人占较大比重，工人的年龄结构普遍偏大，工人的知识程度、技能素质普遍偏低。随着装配式建筑的发展，产业工人的职业定义不断丰富与扩展，需要大量从事构件安装、进度控制、现场协调等多工种的复合型技术人才。而懂技术、晓经济、会管理的具有工程总承包管理能力的复合型、创新型人才的缺失，一定程度上制约了工程质量和管理水平的提高。

（4）国际差距大、竞争能力差。当前我国建筑业的国际化指数一直徘徊不前，"走出去"战略步履艰难。与国外一流企业相比，国内大型央企在国际化方面都存在较大差距。国际工程设计引领作用发挥不够，在国际标准上缺乏话语权，核心竞争力不强，全产业链竞争优势受到制约。国际工程项目的市场布局不均衡、业务单一、总量小，业务主要集中在非洲、亚洲和中东的工程施工承包领域，处于国际产业链低端。

2. 产业呈碎片化、难以协同高效

（1）体制机制条块分割。我国工程建设领域一直存在条块分割管理、政出多门的问题，特别是受行业划分的影响，建材行业与建筑行业监管分离；建筑设计、加工制造、施工建造分属不同行业，互相分隔、各自为政。不同部门监督执法依据各自领域的规范性文件，使得工程建设全过程的监管规范性、系统性大大降低。再加上建筑业法律法规体系不够系统、完善，均在很大程度上制约了工程建设项目的一体化建造水平。

（2）设计、生产、施工脱节。当前工程建设领域还普遍存在设计、生产、施工脱节的现象，建筑设计对规范和标准考虑得多，偏重于设计的安全性和适应性，而对采购加工和施工安装的需求考虑较少，这也导致工程施工中各自为战，各方都以自身利益最大化为主，不会考虑工程的整体建造效益与效率。很多工程开工后，图纸一改再改，工期一拖再拖。很多工程最终为了赶工期，不是通过提升一体化建造能力，而是靠"人海战术"来完成，这不仅造成了极大的人力浪费，也增加了工程建造成本的不可预见性。

（3）开发建设碎片化管理。与发达国家普遍推行工程总承包模式不同，我国在这方面虽然也提出了明确推广要求，但实际效果并不理想，目前，国有投资或国有控股项目，已开始逐步推行工程总承包模式，但开发建设项目基于各种利益平衡，往往将工程设计、生产、采购、施工等交由不同单位实施，人为将工程建造碎片化，从而不仅造成了极大的资源浪费，也直接带来工程成本增加、工期拖延、投资超额等一系列矛盾问题。

（4）信息数据不能贯通。建筑业是中国国民经济重要支柱，然而建筑业整体信息化、数字化水平相对落后。根据有关资料显示，相比其他行业，我国建筑行业整体数字化水平在22个细分行业中排名倒数，大多数企业仍处于起步阶段。数字化和互联互通的程度低，在一定程度上也如实反映了我国工程建设领域各自为政的管理现状，在信息数据共享方面制约了建筑业的产业现代化发展。

3. 产业基础薄弱、传统路径依赖

（1）生产建造方式粗放。长期以来，我国建筑业是一个劳动密集型、粗放式经营的行业，现场施工主要以手工湿作业为主，"出大力、流大汗、脏乱差"是建筑工人的代名词。我国每年20亿平方米以上的竣工建筑中，相当一部分在投入使用仅25～30年后，便会出现墙面开裂甚至漏风、漏筋、屋面漏水等质量问题，极大地影响了建筑使用寿命。目前我国新建住宅仍以"毛坯房"为主，导致建筑产品是"半成品"，并由此造成了建筑功能的不完整和建造过程的残缺，特别是二次装修还会产生大量建筑垃圾、施工扰民、环境污染等社会问题。

（2）工程组织方式落后。长期以来，我国工程建设一直沿袭着建筑设计、物资采购、施工建造相分离的传统组织模式，即业主将工程设计、采购、施工等进行拆分，发包给多个主体单位。这种落后的工程建设组织方式，直接导致工程建设主体责任落实不到位，造成人为的条块分割及碎片化，割裂了设计与施工之间的联系，造成施工过程中的设计变更次数增多，带来项目周期延长、管理成本增加、协调工作量大、投资超额、资源浪费等问题。由于责任层次不清晰、企业的责权利无法做到有效统一，对工程建设质量也造成了很多负面影响。这些问题都直接或间接导致了工程建造的

整体效率效益低。

（3）产业组织结构失衡。从产业结构理论的高度，纵观我国建筑产业结构的企业规模组织、企业的内部组织、承包业务的组织、工程项目承包组织、从业人员的组织等方面存在不合理、不平衡、不协调的问题还较为突出，企业分化的分工比例关系失衡，各类企业之间的市场联系纽带和协作机制还没有得到建立和完善。以企业规模组织为例，企业组织结构呈蜡烛形，有资质的千人以上企业居多，20人以下的"专、精、特"企业寥寥无几。

4. 产业链水平低、缺乏融合互动

（1）产业链协同性差。全产业链的系统性、整体性和协同性普遍处于较低水平，由于传统产业分工与组织方式落后，造成产业创新体系的各种要素资源分散、价值链割裂的原因，导致工程建造全过程、全产业链、各环节各自为战，缺乏环环相扣对接的关联关系。比如：建筑设计对功能、规范考虑的多，对采用材料、部品的制作与施工因素考虑少，甚至关起门来设计；施工企业以土建施工为主，照图施工，施工过程产生大量的不经济、不合理的做法和质量安全隐患；材料部品生产企业关起门来搞产品研发，与工程设计、施工建造系统技术不匹配、不配套。

（2）产业价值链断裂。建筑产业作为行为主体（总承包）和价值链主导者，在产业间的供需关系中尚未建立必要的专业化服务体系，产业内专业化的社会分工结构没有真正形成，价值链上难以协同，且仅仅局限在供给与需求的关系上，很多工程建设所需的产品没有形成专业化的技术配套、没有专业工人安装、没有售后服务和质量保证，甚至运营期间产品出现质量问题无法追溯。其根本原因在于价值链断裂，建筑产业的专业化分工和社会化协作机制尚未形成。

（3）产业创新体系割裂。当前，我国建筑产业创新体系存在着"五重割裂"：一是存在产业与关联产业之间的割裂；二是存在大学、研究机构和企业主体之间的割裂；三是存在大企业与中小企业之间在专业化协同创新上的割裂；四是存在企业内部产业链上各技术、生产环节之间的割裂；五是存在技术研发与成果转化的割裂。产业创新体系在这些方面的割裂，直接影

响了企业技术与管理创新效率的提升。

1.3.2 新型建筑工业化发展面临的问题

1. 顶层设计亟待加强

自 2020 年 8 月住房和城乡建设部联合 9 部委首次提出加快发展新型建筑工业化以来，已过去 3 年多的时间，到目前为止，国家层面尚未出台统筹规划此项重要工作的总体规划，以及阶段性发展的工作路径和措施。如果在国家宏观层面不针对其作出顶层设计、专门出台总体规划，很可能会导致"九龙治水"与"群龙无首"并存的格局。例如，预制构件工厂建设，由于缺乏区域统筹规划，经济发达地区已经出现一哄而上、盲目发展和构件低价恶性竞争的现象，有的构件工厂因产品价格一降再降而无法生存，甚至面临倒闭的境地。在土地出让、项目立项、规划审批、施工许可、竣工验收等环节还未形成环环相扣、严格把关的全过程监管机制，一些约束性推广政策落实不到位。目前，系统性促进新型建筑工业化发展的市场主导机制尚未形成，市场化配套政策还不完善，引导全产业链一体化协同发展的路径还不清晰，某种程度上，建筑业的各项改革措施更多是施工行业的改革，用行业管理思维来改造传统产业。

2. 技术成果难以落地

近年来，在装配式建筑的大力推动下，充分调动了企业和科研单位的技术创新热情，研发并推出一大批新型装配化建造技术体系。但是我们注意到，大量的技术创新成果只是昙花一现，甚至束之高阁，难以落地生根。一些企业研究开发的技术成果转化难、推广难、持续发展更难，缺乏长期的科技发展战略，以及缺少对行业共性技术、前瞻性产业技术提前布局的决心和长期开发的耐力，缺少工程项目的系统集成应用，缺失对已有的成熟适用技术的持续迭代升级。进而导致企业技术积累不足，引领能力不强，无法以新技术带动企业进入新领域，创造新优势，形成新的增长点。

3. 企业管理支撑不足

长期以来，我国建筑企业的技术与管理"两层皮"，重技术、轻管理，缺乏"向技术要产品，向管理要效益"的经营理念和生产组织方式。传统的企业管理模式已经不能适应新型建筑工业化发展要求，比如有的企业在工程项目建设中采用新型装配化建造技术，依然用传统组织管理模式，技术优势难以发挥，并由此带来项目成本增加、整体效率效益不高等问题，管理与技术相互脱节，"穿新鞋、走老路"是当前发展中面临的重大问题。在建筑业高质量发展的新阶段，管理创新要比技术创新更难、更重要，现代企业管理是技术创新的发展环境、动力和源泉，是企业核心竞争能力的重要基础，是工程建设生产活动的质量、效率和效益的根本保障。

4. 建造效率效益不高

由于我国装配式建筑和新型建筑工业化发展仍然处在发展的初期阶段，缺乏设计经验的积累，没有经过长期的技术沉淀，尤其是技术与管理缺乏深度融合，导致工业化基础薄弱，组织管理不到位，生产技术与管理"两层皮"，也由此造成了装配式建筑项目的设计能力、构件制作水平、工程建造全过程的效率效益与传统施工建造方式相比优势不明显，甚至不高，同时也暴露出一些成本、质量、安全等问题。其实装配式建筑发展的前途是光明的，但道路必定是曲折的，这些都是发展中的问题，但要快速解决，还面临诸多挑战。

5. 传统路径依赖性强

20 世纪 80 年代以来，中国建筑业走过的是一条粗放式"狼性"竞争的道路，这是由一系列历史因素所决定的，是在中国经济社会高速发展的背景下，在无情的市场经济条件下，建筑业所采取的市场竞争方式。进入"十三五"时期后，各种资源价格均快速上升，特别是中国最丰富的劳动力资源，也"突如其来"地发生了供需关系的显著变化。这些情况充分表明，建筑业依赖低价劳动力资源的时代已经走到了尽头，必须向新型建筑工业化道路转轨。但是，我们清楚地看到，转型发展时，传统建造方式和增长方式具有很强的路径依赖性，技术、利益、观念、体制等各方面都顽固地存在保守性和强大的惯性，没有革命的精神，不下极大的力气不足以将运行数十年的中国建筑业的快速列车转向新型建筑工业化的轨道上来，也不可能实现由粗放式增长向高质量发展转变。

1.4 新型建筑工业化发展理念与路径

1.4.1 发展理念与思维方式

1. 坚持绿色发展理念，推进现代建造文明进程

绿色发展是新型建筑工业化发展的内在要求，发展新型建筑工业化是城乡建设领域绿色发展、低碳循环发展的主要举措。在新的历史条件下，我国需要完成基本实现新型建筑工业化的任务，历史的发展、世界科学技术的进步和我国的基本国情，决定了建筑业不能再走"大量建设、大量消耗、大量排放"的传统粗放的发展道路，必须要沉下心来，通过走新型建筑工业化道路，解决目前建筑业长期存在的粗放式发展问题。为此，必须要坚持绿色发展、强化创新驱动的引领作用。构建新型工业化建造方式的过程就是创新的过程，也是绿色发展的过程，只有坚持绿色发展，通过创新驱动，才能寻求建筑产业的高质量发展，才能顺应技术革命、产业变革的新趋势，才能深化建筑产业的关联结构、产业链水平、系统集成能力，从而探索建筑产业的新业态、新模式。

建造活动的绿色化与工业化的本质不仅是建造过程的资源节约和环境保护，也不单纯是建造活动的技术进步，而是一个建造文明的进程，是建筑业摆脱传统粗放的建造方式、走向现代建造文明的可持续发展之路的过程。粗放的本质是缺乏"精益建造"的自律，而绿色建造的核心则是体现在"精益建造"的工匠精神。为此，倡导现代建造文明的精神实质就是追求"精益建造"的自律，也是绿色化、工业化以及高质量发展的本质要求。在走向新型建筑工业化发展道路上，坚持绿色发展理念，推动现代建造文明，是新型工业化建造方式的整体素质的全面提升，是改变传统粗放的建造方式的具体体现。

2. 树立"产业"思维，构建现代建筑产业体系

一直以来，我国建筑产业基本上是分行业划分管理，用行业管理思维方法替代产业管理。我们应该清楚地看到，在这种思维的管理模式下，近年来随着我国建筑业改革的不断深入，各种潜在矛盾也复杂地交织显露，特别是从"产业"的视角看，产业"碎片化"与"系统性"的矛盾十分突出，产业要素市场尚未得到充分调动，产业结构尚未得到完全优化，资源尚未得到合理配置。某种程度上，我国建筑业的改革更多是施工行业的改革，用行业管理思维来改造传统建筑产业，在改革发展的路径上缺乏针对"产业"的系统思维和方法，改革的成效不明显，尤其在要素资源优化配置和协同高效方面，改革的作用尚未得到充分体现。因此，迫切需要进一步将改革的基点放到"产业"发展上来，不能头疼医头、脚痛医脚，要紧紧抓住"产业"这个牵动建筑业改革发展全局的"牛鼻子"，全面系统深入地研究"产业"的创新发展问题，尤其在建筑业进入必须转型升级的重要历史关头，要进一步明确建筑产业的改革发展的路径和方向。

在我国经济转向高质量发展阶段的大背景下，发展壮大现代产业体系不仅是解放和发展社会生产力、推动经济持续健康发展的内在要求，而且是增强综合国力、增进人民福祉的基础支撑和根本保证。为此，推动我国新型建筑工业化发展，必须要注重"产业"问题，必须要从产业发展入手，运用产业的思维方法，拉动产业链的各环节协同起来向前走，加快构建"创新引领、要素协同、链条完整、竞争力强"的现代建筑产业体系。现代建筑产业体系的建设必然成为我国推动建筑业转型升级、提升发展质量、转变发展方式的根本方向和核心内容。在构建现代建筑产业体系的过程中，必须要树立以"建筑"为最终产品的理念，研究产业发展目标、产业结构以及全产业链的系统性、整体性和协调性问题，并提出产业发展的方向、路径和模式，要重视产业基础建设，不能盲目追求浮躁的不切实际的"新概念"，要着力研究现代建筑产业的新特征、新业态和创新发展的新格局。

3. 建立"产品"理念，以"建筑"为最终产品

按照经济学理论定义，产品是指作为商品提供给市场，被人们使用和消费,并能满足人们某种需求的任何东西,包括有形的物品、无形的服务、组织、观念或它们的组合。根据这个定义,毫无疑问"建筑物"一定具有产品属性,属于产品范畴。建筑物作为建筑工程的最终产品,用于人们日益增长的美好生活的需求,满足人们安居乐业,无可厚非。但长期以来,由于《中华人民共和国产品质量法》明确规定"建设工程不适用本法规定",将建筑工程排除在"产品"管理之外,也由此影响了我国建筑产业将"建筑物"作为产品的经营理念,造成管理体制机制以及产业链的"碎片化"。在建筑工程的生产过程中,各个环节各自为政,建筑设计企业将建筑施工图纸作为产品、生产企业将生产的部品和构配件作为产品、建筑施工企业将分包的工程作为最终产品,甚至最终交付人们使用的建筑是"毛坯房",忽视了建筑工程的完整性、系统性和适用性,以及建筑工程的整体质量和效率、效益的最大化。

任何产业都具有相应的产品,产品是产业将输入转化为输出的相互关联或相互作用的活动的结果,即"过程"的结果。一直以来,我国传统建筑产业由于受到体制条块分割、开发建设碎片化管理的影响和制约,建筑企业的经营活动大多都局限在特定的范围,生产经营的产品都是房屋建设的局部或某一环节,产生的效益也是局部效益,并且已经形成了惯性思维和经营理念。然而,这样的经营理念和经营方式对于一个整体建筑来说,其建造过程是产生诸多的质量、品质、效率、效益不高问题的主要原因。因此,在我国经济由高速增长阶段向高质量发展阶段转变的新时代,现代建筑产业的发展必须要摆脱传统路径的依赖,必须要转变经营理念。树立以"建筑"为产品的经营理念,在房屋建造活动中要以设计为主导,并贯穿建筑工程全过程,全产业链的各环节都以"建筑"为最终产品,实现高效协同和整体效率效益最大化,这才是新型建筑工业化发展的根本所在,也是现代建筑产业的新发展理念。

4. 运用"系统工程"理论,实现一体化建造方式

"系统工程"是实现系统最优化的管理工程技术理论基础,发端于第二次世界大战之后,是第二次世界大战后人类社会若干重大科技突破和革命

性变革的基础性理论支撑和方法论。比如美国研制原子弹的曼哈顿计划和登月火箭阿波罗计划就是系统工程的杰作。我国两弹一星以及运载火箭等重大项目的成功，也是受惠于钱学森先生将系统工程的理论和方法引入并结合了我国国情的需要。如今，现代建筑产业的发展，就是要向制造业学习，建立起工业化的系统工程理论基础和方法，将建筑作为一个完整的建筑产品来进行研究和实践，形成以达到总体效果最优为目标的理论与方法，才能实现建筑工程的高质量、可持续发展。系统工程的理论方法主要是指一体化建造的理论方法，将建筑作为一个系统工程来研究和实践。

一体化建造是指在房屋建造活动中，建立以房屋建筑为最终产品的理念，明确一体化建造的目标，运用系统化思维方法，优化并集成从设计、采购、制作、施工等各环节的各种要素和需求，通过设计、生产、施工和高效管理以及协同配合，实现工程建设整体效率和效益最大化的建造过程。一体化建造的本质是一种关于建造方式的方法论，该方法论是主要针对传统、粗放的建造方式提出的，包括生产组织模式、设计技术及方法、建造技术、专业协同、信息技术和集成技术等，涵盖了建造全过程全方位、系统最优化的解决方法。通过一体化建造方法解决建筑、结构、机电、装修专业的设计不协同，设计、生产、施工脱节，开发建设碎片化，管理机制条块分割，建造活动的责权利不明等问题。因此，一体化建造是建筑产业向高质量发展的现实要求。

1.4.2　发展路径与运营模式

1. 设计贯穿工程建设全过程

设计是工程建设的关键环节，工程项目的建筑功能、业主的投资需求、施工技术的目标措施，以及工程质量品质、效率效益都需要通过优化设计来实现。如何充分发挥设计在工程建设中的主导作用，将设计贯穿到工程建设的全系统、全过程，是新型工业化建造方式的关键环节。然而，目前我国工程项目设计都是由业主委托具有相应资质的设计院，按照相应的设计要求完成设计图纸，除必要的现场设计交底、设计变更等服务外，设计任务基本完成。在整个设计过程中，设计与施工相互脱节，设计师关起门来设计，设计成果不能完全满足现场的施工条件和要求，没有充分考虑工程建造成本、工期和质量要求，没有认真研究施工方案、现场工作面、工艺工序等协调因素，导致设计诟病繁多，设计成果难以指导施工，无法满足工程建设的实际要求。

工程项目是系统工程，设计、采购、施工各阶段、各环节有着紧密的内在联系和协调规律。目前在传统的建筑管理体制机制下，奢求设计师全面参与工程建造全过程的施工组织、技术方案施工工艺以及全要素的商务成本几乎不可能实现。必须要从建筑管理的体制机制上入手，进一步完善工程建设市场运营机制，建立科学合理的设计、采购、施工一体化的运营管理模式。通过大力推行 EPC 工程总承包管理模式，充分发挥工程设计的主导作用，合理组织工程项目各阶段之间的协同对接关系。设计管理是 EPC 工程总承包管理中的重要环节，设计要贯穿到工程建设的全过程并发挥其作用，必须要充分考虑企业层面的组织机构设置、责任界面划分和运营管理机制相关匹配问题，并与工程项目层面的组织管理相协调。

2. 建立系统集成技术体系

树立以"建筑"为产品的理念，必须充分运用系统工程理论和方法，建立并完善建筑系统集成技术体系。建筑技术系统的构成，按照系统工程理论，可将建筑看作一个由若干子系统"集成"的复杂"系统"，主要包括主体结构系统、外围护系统、内装修系统、机电设备系统四大系统。通过对这四大系统的技术优化和专业协同，从而确保建筑设计、生产运输、施工装配、运营维护等各环节实现一体化建造。

建筑系统集成技术包含了技术系统的集成、管理的集约化，以及技术与管理协同和融合。从技术系统集成的层面看，技术体系具有系统化、集成化的显著特征；从工程管理的层面看，不是一般意义上设计、采购、施工环节的简单叠加，也不是"大包大揽"，而是与技术深度融合的创新性管理，具有独特的管理内涵：即在新的技术创新条件下，采用建筑系统集成技术，运用一体化的管理协调和整合能力，对市场资源的掌握，以及对各专业分包企业的管理，并且形成在技术、管理以及组织、协调等各方面形成密切配合、有序实施和高效运营的管理模式。

3. 鼓励发展企业专用体系

所谓企业专用体系，就是指建筑企业围绕自身的核心业务，以专有技术与管理体系为基本内核，将企业生产活动的要素、资源和能力系统集合，形成适合企业特有的生产运营管理体系与建造方式。企业专用体系是企业的特质和能力所在，具有价值性、系统性和不可替代性，是企业核心技术与组织管理的系统集成，是企业形成协同高效的差异化竞争优势的基础和能力，是其他企业难以模仿和复制的工业化建造方式，也是建筑企业的核心竞争力。企业专用体系往往自身是多项相关技术或管理方法的集合体，可以带动其他环节或组织其他生产要素，占据某一领域、某一行业的竞争优势，赢得较高的市场份额和超额利润的核心能力，如图 1-1 所示。

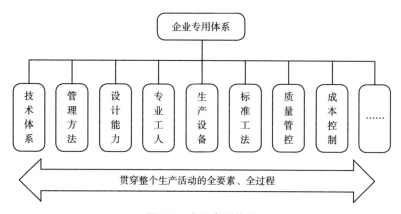

图 1-1　企业专用体系

发展企业专用体系的必要性主要基于：一是通过鼓励发展企业专用体系，利用企业自身的资源优势以及工程项目的实践，使技术研发成果得到有效转化，并培育出成熟适用的集成技术体系；二是发展企业专用体系可以实现企业掌握的技术与管理深度融合，解决技术与管理"两层皮"以及企业管理和运行机制不适合技术发展和市场需求的问题，提高企业自身的可持续发展的能力；三是发展企业专用体系可以较大幅度提升企业的核心能力，这种核心能力不仅表现在设计、生产、施工以及核心业务上，更重要的是体现在经营理念、技术创新、组织内涵等各方面。四是发展企业专用体系是企业做大做强、可持续发展的必然选择，是大型建筑企业筑牢基础必须要补齐的"短板"，也是建筑企业实现高质量发展不可跨越的发展阶段。五是发展企业专用体系是走向社会化通用体系的必经之路。社会化通用体系的形成和发展，主要来源于企业的专用体系。通过大型建筑企业不断研发完善企业专用体系，使技术、管理及各生产要素在工程实践中逐步走向协同高效、经济适用、成熟可靠，并得到业界广泛推广应用，进而形成了社会化通用体系。

4.构建社会化专业化分工协作机制

目前，建筑业的发展现状已充分表明：各种技术与管理要素均处于"碎片化"状态，产业缺乏系统性的整合，缺乏核心能力，缺乏专业化分工协作，缺乏精益化、专业化的产业工人队伍。其转型发展的核心问题，是如何构建产业内部的系统性和整体性，如何建立起与现代建造技术相适应、符合社会化大生产要求的生产方式和企业组织形式。建筑业要改变传统粗放的建造方式，必须要调整产业结构，转变增长方式，打造新时代经济社会发展的新引擎。随着经济社会的发展和科技水平的进步，工程建造模式必须要充分体现社会化，是企业发展的重要价值取向。建筑工业化就是将工程建设纳入社会化大生产范畴，社会化大生产的突出特点就是专业化、协作化和集约化。

专业化企业的不断发展，将成为产业链上的一个个节点，通过市场化运营机制，逐步形成了大型建筑企业引领，中小型专业化企业配合的产业发展格局。其中大型建筑企业要以"建筑"为最终产品，以实现工程项目的整体效益最大化为经营目标；在组织管理方式方面，要推行工程总承包管理模式，实行"全系统、全过程、全产业链"的协同建造，融合设计、生产、装配、管理及控制等要素手段，形成工程总承包统筹引领、各专业公司配合协同的完整产业链，有效发挥社会化大生产中市场各方主体作用；在核心能力建设方面，要着重提高企业技术产品的集成能力和组织管理的协同能力，避免同质化竞争。

5. 推行工程总承包管理模式

长期以来，我国建筑企业主要以传统施工总承包模式为主，在建造活动中"设计、采购、施工"各环节的供应链脱节、价值链割裂，已成为建筑企业制约业务创效最为关键的影响因素之一。在新型建筑工业化和高质量发展的背景下，工程总承包模式逐步显示出强大的生命力和显著优势。通过推行工程总承包管理模式，可以打通企业供应链的壁垒，解决设计、生产、采购、施工一体化问题，有效地建立先进的技术体系和高效的管理体系，解决技术与管理脱节问题。通过采用工程总承包模式保证工程建设高度组织化，降低先期成本提高问题，实现资源优化、整体效益最大化，这与新型建筑工业化的发展要求与目的不谋而合，具有一举多得之效。

工程总承包是指承包单位按照与建设单位签订的合同，对工程"设计、采购、施工"实行总承包，并对工程的质量、安全、工期、造价等全面负责的工程建设组织实施方式。工程总承包模式具有三个本质特征：一是单一责任主体，为提升项目整体价值提供了保障，总承包商充分发挥自身优势，拉通工程建设全生命周期管理，减少了项目实施过程中各方利益冲突；二是相对固定总价，激活了总承包商价值创造的动力，为业主投资不超概算增加了保障；三是设计主导和设计采购建造深度融合，指明了价值创造的具体方法和路径。而且，工程总承包管理模式具有以下三个方面的现实意义。

（1）能够为业主方控制概算。工程总承包模式不仅注重总包商自身利益，更加强调为业主方控制概算。对业主来说，要用更少的钱干更多事，需要严控概算并保证项目质量和品质。总包商站在工程项目（产品）本身的角度，以满足建筑功能的需求为基本出发点，以保证项目工期、质量和安全为前提，充分发挥工程总承包"最大限度地降低全寿命周期费用，实现产品最大价值"的特点，既能切实防止项目超投资估算，还能尽力为业主节省概算。

（2）能够为总包方管理赋能。采用工程总承包模式，在工程项目建设方面主要发挥以下作用：一是节约工期。通过设计单位与施工单位协调配合，分阶段设计，使施工进度大大提升，设计主导和设计采购建造深度融合，指明了价值创造的具体方法和路径。比如深基坑施工与建筑施工图设计交叉同步：装修阶段可提前介入，穿插作业等。二是成本可控。工程总承包是全过程管控，相对固定工程项目总价。工程造价控制融入了设计环节，注重设计的可施工性，减少变更带来的索赔，最大程度地保证成本可控。激活了总承包商价值创造的动力，为业主投资不超概算增加了保障。三是责任明确。采用工程总承包模式使工程质量责任主体更加清晰明确，一个责任主体避免了职责不清，为提升项目整体价值提供了保障。总承包商充分发挥自身优势，拉通工程建设全生命周期管理，减少了项目实施过程中各方利益冲突。四是管理简化。在工程项目实施的设计管理、造价管理、商务协调、材料采购项目管理及财务税制等方面，统一在一个企业团队管理，便于协调、避免相互扯皮。五是降低风险。通过采用工程总承包管理，避免了不良企业挂靠中标，以及项目实施中的大量索赔等后期管理问题，尤其是杜绝"低价中标高价结算"的风险隐患。

（3）能够为分包方带来实效。推行工程总承包模式，离不开优质的专业分包方。总承包方站在项目整体利益的角度优化概算分劈，给专业分配合理的概算区间，来提升项目整体品质。对于专业分包方和设备分供方而言，所承担的工程范围本身也是一个专业化的项目管理，专业分包方通过开展专业价值工程创造活动，可以获取合理利润，提升专业工程的设计、采购、建造一体化管理能力。

6. 打造企业数字化系统管理平台

进入新时代，企业数字化转型已成为国家发展战略，是企业实现高质量发展的重要手段。建筑企业数字化转型不是简单的新技术创新应用，而是发展理念、生产方式、管理模式、商业模式、业务流程、组织方式等全方位的转变，是融合企业业务、技术和组织三大领域的系统工程，是管理与管理者的一场革命。但是，目前建筑企业生产要素管理的碎片化、运营管理数据的孤岛化、组织结构的层级化都严重地制约了企业数字化转型发展。建筑企业的生产运营机制和管理模式相对落后，组织架构不合理、管理层级多，标准化流程管理水平低、信息传导失真严重，部门设置臃肿、责任划分不清，由此造成企业战略规划层、管理控制层、执行操作层管理链条与各层核心诉求不统一，甚至相互掣肘。因此，建立企业数字化系统管理平台，形成基于互联网思维的企业信息化系统，将企业管理流程、技术研发、生产运营等数据集成固化在一个系统平台上，实现信息共享、互联互通，已成为建筑企业实现数字化转型的必然选择。

数字化转型是企业的一场深刻而系统的革命，不仅仅是一种技术革命，也是一种思维方式与经营模式的革命，是涉及企业战略、组织、运营、人才等的一场系统变革与创新。当前，在数字化转型过程中，一些建筑企业仍处于被动应用信息化系统阶段，甚至为了"指标好看"，选择性地传递数据，真实、准确、有效的源数据反而不多，造成企业级管理平台"空有其表"，缺乏有效数据支撑，不能真正发挥作用，更谈不上"大数据"的挖掘与应用。企业各部门花费大量的人力、物力、财力建设部门级、岗位级信息化系统，但管理语言不统一，技术语言不一致，系统之间信息无法交互，甚至各部门数据资料仍使用硬盘保存在部门或个人处，形成信息孤岛，导致数据难融通，管理协同、降本增效的目标大打折扣。一个优秀的管理者或企业不仅要在新时期进行管理变革，更要驾驭变革，只有在变革中企业经营管理才能行稳致远，建筑业管理变革必须要制定数字化管理战略顶层设计，才能推动企业实现高质量发展。

1.4.3 新型建筑工业化走向成熟的主要标志

新型工业化建造方式的形成与发展，是随着新时代经济和社会发展对建筑业提出的新要求、赋予的新使命，建筑企业秉承新发展理念，通过技术与管理的创新驱动、企业转型升级以及大量的工程实践，而不断形成和发展的过程，绝不是一蹴而就，需要经过长期和持续不断的艰苦努力。新型建筑工业化走向成熟的主要标志应体现在以下方面：

1. 新发展理念得到广泛认同与践行

现代建筑产业的企业必须要树立以"建筑"为最终产品的经营理念，以工程建设项目的整体效率效益最大化为经营目标。就像制造业生产汽车一样，汽车各个零部件生产企业都围绕汽车这个"产品"的效率效益展开。对于现代建筑产业而言，工程建设项目的各生产企业在这种经营理念指导下，围绕"建筑"这个产品，按照专业化分工要求，通过设计主导，使工程项目实现系统集成和一体化建造，从而全面提升整个工程项目的质量、品质、效率和效益。

2. 工业化集成技术体系成熟适用

工业化集成技术体系主要是指充分运用工业化、信息化手段，使工程项目全系统的建筑、结构、机电、装修形成一体化的集成技术体系。而成熟适用的工业化集成技术，必须要树立以"建筑"为最终产品的理念，通过设计对主体结构系统、外围护系统、内装修系统、机电设备系统的总体技术优化，多专业之间相互协同，并按照一定的技术接口和协同原则，进而保证建筑设计、生产运输、施工装配、运营维护等各环节实现系统集成和一体化建造。这不仅包含了技术系统的集成，也包含了管理的支撑与保障，同时也包含了技术与管理协同和融合。充分体现了技术系统的协同性，建造过程的连续性，建造环节的集成化，工程管理的组织化。

3. 产业链协同高效水平得到充分发挥

现代建筑产业具有向上下游延伸并带动一大批相关行业的特点，随着建筑产业内分工不断地拓展延伸，产业链上各企业之间按照建筑产业内不同分工与供需关系的变化，在生产经营过程中形成了不同的创造价值主体，并构成了一条完整的产业链、价值链。在产业链、价值链以及供应链上各企业主体充分体现了通力合作、相互配合，使整个产业链内的资源配置更加优化，生产经营活动的全过程协同高效。

4. 专业化分工协作机制更加协调有序

建立专业化分工和社会化协作机制是现代建筑产业体系的重要组成部分。专业化是企业发展选择的基本模式。所谓企业专业化发展就是指企业将主要精力投入到自身最擅长的领域，并且在该领域能力所及的范围内进行经营。随着建筑产业的不断发展，一些大型企业会向综合性的产业集团方向发展，而另一些中小企业会向专业化方向发展，成为建筑产业的专业化企业。这些企业有的专精于建筑设计、咨询服务、部品生产，也有的专门从事工程施工、装饰装修、机械设备等。专业化企业的不断发展，将成为产业链上的一个个节点，其市场化、专业化的生产活动的相互协作构成了社会化大生产。

5. 新型工业化建造方式得到广泛应用

工业化建造方式具有鲜明的时代特征，各生产要素包括生产资料、劳动力、生产技术、组织管理、信息资源等，在建造方式上都能充分体现绿色化、工业化、集约化和社会化，是建造方式的重大变革。这种变革的过程和效果，实现了由传统粗放的建造方式向新型工业化建造方式的根本性转变，使建筑产业的整体素质得到了全面提升，生产力水平和发展质量得到了大幅度提高。

6. 大型建筑集团的核心作用充分发挥

大型建筑产业集团是建筑产业实现社会化大生产发展到一定时期的产物，在相当程度上标志着建筑产业的发展层次和水平。培育一批处于价值链顶部、具有全产业链号召力、价值链主导者和国际影响力的大型龙头企业作为建筑产业的基本主体，支撑整个建筑产业的发展，发挥产业链龙头企业的引领作用。并且在技术系统集成、产业链协同水平上持续创新突破，提供工程建设系统解决方案，引领产业链深度融合和高端跃升，并形成差异化的融合发展模式路径，是现代建筑产业成熟的重要标志。

第 **2** 章

基于新型建筑工业化的现代建筑企业管理

当前，我国正处在工业化、数字化、绿色化叠加的新时代，建筑业传统粗放的管理模式已无法适应新时代发展的新要求，技术决定产品，管理决定效益，企业管理创新显得尤为重要。现代建筑企业如何在新型建筑工业化快速发展的背景下，完善相适应的组织管理，提升现代化管理水平，是建筑企业在转型发展中面临的重大课题。

2.1　现代建筑企业管理概念与内涵

2.1.1　企业管理的基本概念

根据有关管理学给出的定义，管理是为了实现组织的共同目标，在特定的条件下，对组织成员在目标活动中的行为进行协调的过程。企业管理是对企业的生产经营活动进行计划、组织、领导和控制等一系列职能的总称，是企业在特定情境下协调资源以有效实现组织目标的活动。

1. 企业管理的本质

企业管理的本质是协调。企业的生产活动都要经历十分复杂的过程，生产的组织目标必须要分解为许多具体工作环节，在生产的全过程中相关人员的行为在时空上必须要相互配合、环环相扣，而且还要与外部相互关联的企业进行衔接协作，如何调动各方面积极性，保证生产活动组织通畅，运行达到高效，相互协调的工作就被称为管理。协调是通过管理的各项职能和组织来实现的，决策是协调的前提，组织是协调的手段，领导是协调的责任人，控制是协调的保证，创新是协调解决问题的途径。

企业组织目标应主要体现在生产运营的效率和效果两个方面，一是企业的生产效率，是指要"用正确的方法"，就是用最少的时间、成本和资源投入获得最大的产出；二是企业的生产效果，是指要"做正确的事"，就是在确保质量、安全以及环保的前提下，最大限度生产出高质量产品，满足用户的需求。

2. 企业管理的必要条件

任何管理都是在特定的时空背景条件下进行的，并且对任何管理行为都必须有特定的时空背景要求。比如所处的时代背景、政策导向、市场条件、资源环境、发展水平等，以及做什么事？完成的时间、地点如何？任何管理脱离了时空背景条件要求，都不可能实现有效管理，也没有任何意义。没有最佳的企业范例，只有时代的企业范例，"时势造英雄"指的就是背景与成功的关系。时代变化与企业的发展息息相关，企业只有跟上时代的步伐，才能取得长足的发展。

当今时代，对于建筑企业来说，正处在工业化、数字化、绿色化叠加的新时代。在科技革命和产业变革的新技术条件下，企业管理创新显得尤为重要，不仅关系到新技术成果能否转化为生产力，而且也直接关系到新技术能否给企业带来效率效益。为此，建筑企业要创新发展，不仅仅是技术创新，还要技术与管理双轮驱动，在新技术发展的条件下完善相适应的组织管理，建立符合新型建筑工业化、数字化、绿色化发展要求的生产方式。

3. 建筑企业管理的必要性

（1）技术需要管理支撑才能成为生产力

在技术的背后，管理的支撑尤为重要。以互联网的平台经济为例，其开放性和需求侧规模经济分别带来了极高的资源配置效率和全新的价值创造方式，从发挥作用的方式上看似乎属于技术范畴，但实际上是通过数字技术改变了企业的管理方式，而且需要全新的强大的管理才能保障平台经济的运营。还有一些技术，虽然表面上是纯粹的技术，但若想实现更好的发展，商业模式的考量至关重要。又比如：工程建设采用装配式建造工艺和构件产品，不进行标准化一体化设计，采用粗放式管理，用不专业、不熟练的农民工队伍，其结果必然是效率效益不高，单纯的技术并不一定都能够自动形成较高的生产力。回想爱迪生发明电灯泡的故事，他幸运地抓住了这一机遇并成功创建了伟大的企业——通用电气。然而，是否每一项技术都能孕育出伟大的企业呢？答案并非如此。从科学发现到技术创新再到创业成功并发展成为伟大的企业，这一过程充满了不确定性，需要科学的管理方式提供重要的支撑。

（2）生产运营需要管理协调才能实现高效

高度专业化的社会分工是发展新型建筑工业化和现代企业管理的基础。如何将企业的不同部门、不同资源、不同分工的各种人员合理地组织起来，协调他们的相互关系，从而调动各种积极因素，必须靠有效管理。如果管理不善，不仅不能调动积极性，而且很可能会引起内部矛盾和冲突，导致效率低下。有一些世界级建设集团，是以工程总承包业务为统领，既有综合性、一体化生产经营，也有大规模生产某种制品的专业化企业。由于专业化分工明确，管理机制协调，这些企业之间的竞争与合作有序发展，使建筑产业呈现出工业化、社会化大生产的高水平、低成本、高效益、综合化与专业化相结合的格局。我国企业建造活动普遍存在设计、生产、施工脱节的现象，这种工程建设组织方式直接导致工程建设主体责任落实不到位，带来项目周期延长、管理成本增加、协调工作量大、投资超额、资源浪费等问题。由于管理责任层次不清晰、企业的责权利无法做到有效协调统一，对工程建设质量也造成了很多影响，并直接或间接导致了工程建造的整体效率效益偏低。

（3）企业数字化需要管理逻辑才能互联互通

进入 21 世纪，数字信息资源日益成为重要生产要素、无形资产和社会财富。以共享为特征的信息化、数字化技术，在某种程度上已代表了各个行业的融合发展水平。相比其他行业，我国建筑业的信息化、数字化程度一直处于我国 20 多个细分行业的较低水平。数字化和互联互通的程度低，在一定程度上也如实反映了我国工程建设领域各自为政、产业链脱节、管理碎片化的发展现状，在信息数据交互传递与信息共享方面，已经严重制约了建筑企业的数字化转型发展。数字技术的互联互通，打破了企业在生产运营和管理过程中各自为战、自我封闭的固有形态，加速了企业内部及上下游企业之间在技术集成与协同管理的进程，推动了企业与关联企业之间的深度融合；企业内部的管理方式也发生了根本性变革，企业部门之间的边界日益模糊，业务流程也发生根本性变化。为此，企业要实现数字化转型必须要注重企业管理流程与逻辑，在明确企业核心业务定位的前提下，完善内部组织结构，打通内部业务流程，形成环环相扣的管理逻辑和运营机制，才能保证企业信息数据的有效交互与传递，实现企业数字化转型与创新发展。

2.1.2　现代建筑企业的战略管理

1. 战略管理的概念

从管理学的角度而言，战略是企业发展的定位，也是在发展中的战略选择，可表现为企业未来发展中的组织管理和运营模式。战略并非空的东西，也并非虚无，而是直接关系企业能否持续发展和持续盈利的最重要的决策参照系。战略管理是指企业根据所处阶段的外部环境和内部条件，制定的企业战略目标和规划，并对企业的战略实施加以监督、分析与控制，特别是对企业的资源配置与事业方向加以约束，最终促使企业顺利达成企业目标的过程管理。

综合上述观点，针对建筑企业基于新型建筑工业化的企业战略管理，本书认为，在我国建筑业转型升级和高质量发展的宏观背景下，企业选择走新型建筑工业化发展道路，就是企业的战略选择，也是建筑企业基于这样一个战略目标模式下的战略管理。在当前新型建筑工业化蓬勃发展的新阶段，建筑企业既面临前所未有的发展机遇，同时也面临着重大挑战，如何抓住机遇迎难而上，主动作出未来发展的战略选择，显得尤为重要；如何摆脱传统路径，在新型建筑工业化发展道路上做好战略管理，也是对建筑企业在未来发展中的重大挑战。

2. 战略系统的构成

企业战略系统主要包括企业目标及实现目标的途径与方式，因此，企业战略系统分别由企业战略目标体系与企业战略体系两个子系统构成。

（1）企业战略目标体系

企业战略目标体系是企业战略系统的子系统，它构成了企业不同层次、不同维度的战略目标，其内部结构由使命、愿景和目标三个层次构成，如图 2-1 所示。

图2-1 企业战略目标体系构成

企业使命： 企业使命是企业在社会经济活动中所担当的角色和责任，是企业区别于其他企业而存在的价值，是企业开展活动的方向和应尽的责任。一个定义清晰的企业使命至少要阐述企业存在的基本目的、核心业务、基本行为准则三个方面，即表明一个企业应该是一个什么样的企业。

比如：某建筑企业确立以"致力于引领新型建筑工业化发展"为使命，该使命为企业发展明确了一个经营的基本指导思想、原则和方向，充分表达了企业在社会进步和社会经济发展中所应担当的角色和责任。

企业愿景： 企业愿景是企业管理层、员工和其他利益相关者想使企业成为什么样的企业的共同愿望所形成的具体景象。或者说，是指企业的长期愿望、未来发展状况，及组织发展的蓝图，体现组织永恒的追求。企业愿景是企业使命的具体化和形象化表达。

比如：某建筑企业以"致力于新型建筑工业化发展"为使命，确立的企业愿景是"争当产业链链长"，该愿景与使命相得益彰，具体形象地描绘了企业未来发展的愿望与追求。

企业目标： 要使企业使命和愿景得以实现，必须将其愿望形成具体化目标，明确企业各项活动所要达到的总体效果。包括成长性目标、效益性目标、资源性目标、创新性目标和社会性目标。

比如：确立以"深度聚焦工业化建造、绿色建造、智能建造，走出一条不同于传统建筑企业发展模式的差异化之路，将企业建设成为'最具价值创造力和行业竞争力的专业公司'"为目标，是某建筑企业以"致力于新型建筑工业化发展"为使命，以"争当产业链链长"为愿景的具体化体现。

（2）企业战略体系

企业战略体系是企业各层级的战略措施，是实现企业使命、愿景与目标的途径和方式。企业战略体系由三个层次构成，即总体战略、业务战略、职能战略。

1）总体战略：总体战略又称为公司发展战略，是企业最高管理层为实现企业的使命、愿景与目标而制定的战略总纲，是企业最高层次的战略措施，决定了公司所开展的业务定位和发展方向，一般分为发展型战略、维持型战略、紧缩型战略。

①发展型战略：发展型战略又称为成长型战略、扩张型战略、进攻型战略，它是一种使企业在现有的基础水平上向更高一级的方向发展的战略，通常又分为集约型、一体化、多元化和国际化发展战略。

集约型发展战略，是指企业在原有业务范围内充分利用其技术、产品和市场的优势及潜力来求得成长与发展的战略。企业通过补短板、强弱项，充分调动和发挥各生产要素资源，集中优势力量取得较大效率效益的发展战略。

一体化发展战略，是指企业围绕核心业务和产品，不断完善其内部组织架构、生产流程、产业链和供应链，使各组织部门、产业链各环节相互协调有序、协同高效，在纵向上实现一体化发展的战略。

多元化发展战略，是指一个企业同时在两个或两个以上的行业中经营的战略。又分为相关多元化战略和无关多元化战略。相关多元化发展战略是企业根据现有的核心业务不断地向深度和广度发展的战略。企业在现有的核心业务领域长足发展的基础上，培育发展与核心业务相关的产业和产品，从而在业务横向上实现多元化发展战略。

国际化发展战略，是指企业突破地域界限，利用自身的核心竞争能力，从事国际性的生产经营活动，由国内经营向国际经营转变的过程。

②维持型战略：又称为稳定型战略，是指企业依据自身的经营环境和内部条件，将经营状况保持在一定范围和水平的一种战略。

③紧缩型战略：是指企业从现有经营领域和基础水平上收缩的战略。与发展型战略和维持型战略相比，紧缩型战略是一种相对消极的战略。

2）业务战略：业务战略又称经营单位战略或战略业务单元战略，该层次战略的主要思想和目标是促进企业在某项业务领域中获得优势地位，如何提升业务竞争能力和竞争优势，在市场上开展业务竞争的战略。通常有：成本领先战略、差异化战略、集中化战略。其中差异化战略就是将企业提供的产品或服务与竞争对手差别化，树立起全产业范围中具有区别于竞争对手的独特性的核心竞争优势。

3）职能战略：职能战略是按照总体战略或业务战略对企业内各方面职能活动进行谋划，确定职能活动的基本方向、原则和政策；制定该职能领域重大活动方针以支持总体战略和业务战略的实现；根据该职能在公司的地位与作用统筹配置资源、建立协调机制等。包括研发战略、质量战略、人才战略、组织结构战略、公共关系战略、企业文化战略、品牌战略等。

3. 企业的战略选择

战略是组织为之奋斗的目标，是茫茫大海中的灯塔。战略是一个企业未来生存的根基，为企业未来的发展指明方向。战略不仅仅告诉企业未来要做什么，更是基于企业目前的状况告诉企业该如何发展才能看到未来。企业战略选择是在对内外部环境分析研究的基础上，为企业谋求长远发展所作出的系统的、全局性的谋划和发展定位。

建筑企业选择走新型建筑工业化发展道路的战略目标一旦确定，就需要将"致力于新型建筑工业化发展"写入公司的战略或愿景目标，需要制定切实可行的发展战略规划，明确采用什么样的组织架构和运营管理模式，现有的组织架构应该如何逐步调整过渡，未来什么样的组织架构能够支撑并促进新型建筑工业化发展，以及如何建立企业新型工业化建造方式、建造技术体系，如何组织各部门、各生产环节建立起协调有序、协同高效的产业链等一系列科学合理的战略控制方式方法，才能真正实现战略目标和企业转型升级。

2.1.3　现代建筑企业的组织管理

1. 企业组织结构含义

企业组织结构的形态是企业进行流程运转、部门设置及职能规划等最基本的结构依据，也是一种职权与职责的关系结构以及各部门的分工协作体系。组织架构的形成需要根据企业总体战略目标和定位，将企业管理要素配置在一定的方位上，并确定其活动条件和范围，形成相对稳定、科学的企业组织管理体系。

企业没有科学合理的组织架构将会是一盘散沙，组织架构不合理会严重阻碍企业的正常运作，甚至导致企业经营的失败。相反，适宜、高效的组织架构能够最大限度地释放企业的能量，使企业组织能够更好发挥协同效应，达到"1+1 > 2"的合理运营状态。

很多企业正承受着组织架构不合理所带来的损失与困惑：组织内部信息传递效率降低、失真严重；企业作出的决策低效甚至错误；组织部门设置臃肿；部门间责任划分不清，导致工作中互相推诿、互相掣肘；企业内耗严重等。要清除这些企业病，只有通过组织架构的不断优化来实现。

发展新型建筑工业化的核心是生产方式的变革，建筑企业由传统粗放型向新型工业化的生产方式转变，其组织结构也必须随生产方式的改变而改变，必须建立并完善相适应的企业组织结构，才能真正实现生产方式的变革。

2. 传统企业组织形态

传统企业组织形态普遍采用的是建立在分工基础上的科层制模式，主要依靠法理进行统治的组织结构，并成为工业经济时代各类组织的"理想模式"。其形态具有封闭式、有边界、纵向化和层级化等特点。典型组织结构包括：直线职能制、事业部制、矩阵制三种类型，也是大型企业通常采用的最基本的组织结构模式。

（1）直线职能制。直线职能制又称工厂制或生产区域制，是中国工业化初期为匹配计划经济体制而采取的一种企业形态，其特点是管理层级的集中控制，内部要素主要是根据职能进行划分。这种组织结构形式是把企业管理机构和人员分为两类，一类是直线领导机构和人员，按命令统一原则对各级组织行使指挥权；另一类是职能机构和人员，按专业化原则，从事组织的各项职能管理工作。直线职能制的优点是：既保证了企业管理体系的集中统一，又可以在各级行政负责人的领导下，充分发挥各专业管理机构的作用。缺点是：职能部门之间的协作和配合性较差，职能部门的许多工作要直接向上层领导报告请示才能处理，这一方面加重了上层领导的工作负担；另一方面也造成了办事效率低下。

（2）事业部制。事业部制是一种高度（层）集权下的分权管理体制，内部要素主要是根据产品类别或地区进行划分的，通常也称为多部门结构，其企业形态如图2-2所示。事业部制采用的是分级管理、分级核算、自负盈亏的一种形式，从产品的设计、原料采购、成本核算、产品制造、产品销售等均由事业部负责，实行单独核算，独立经营，公司总部只保留人事决策、预算控制和监督大权，并通过利润等指标对事业部进行控制。它适用于规模庞大、品种繁多、技术复杂的大型企业，是国外较大的联合公司通常采用的一种组织模式，我国制造业中的一些大型企业也引进了这种组织结构模式。

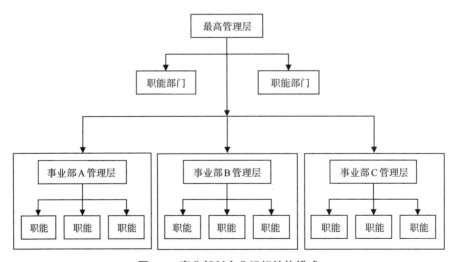

图2-2　事业部制企业组织结构模式

（3）矩阵制。事业部制尝试通过适度分权来解决企业规模增加与企业创新效率降低之间的矛盾。与此同时，一方面，资源浪费、协调成本增加等问题，导致要素资源效率不高；另一方面，竞争日益激烈、需求日益复杂等问题，使独立设置分部的方式不再是应对市场需求变化的最佳方式。据此，企业在维持科层制的基础上探索出矩阵制企业形态，以实现企业对市场需求高柔性、高效率、低成本的响应。具体来说，在垂直组织系统的基础上增加一种横向领导系统，由此形成"项目小组＋职能成员"的基本组织模式。每个项目小组成员均来自现有直线职能部门，他们既受直线职能部门的领导又受所在项目小组的领导；项目小组"即用即组，用完即散"，保障了组织对市场的即时响应。矩阵制在利用既有资源能力的基础上实现了低成本响应，真正做到了突破企业内部纵向和横向边界，跨部门、同级化、系统性协作，其企业形态如图 2-3 所示。

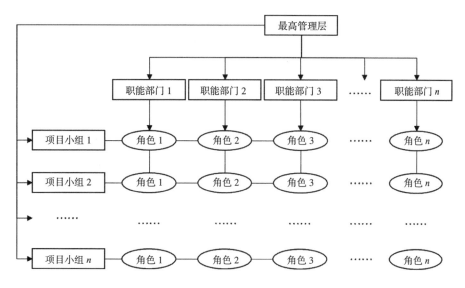

图 2-3　矩阵制企业组织结构模式

总体上来看，传统企业组织结构形态是工业经济时代背景下企业权衡内、外的资源配置方案成本后的经济性选择，其演进过程可以看作企业追求内部资源配置效率最大化的过程，这一组织形态在中华人民共和国成立以来成就了很多规模庞大、影响久远的企业。但是传统企业组织结构形态最大的局限性在于"就企业做企业"，即发展依赖于"向内要资源""向内要成本""由内给利润"。企业走新型建筑工业化发展道路，必须要跳出"就企业做企业"的思维方式，从"向内看思维"转向"向外看思维"，调整资源配置方案，重构企业组织结构形态。

3. 企业组织管理的影响因素

企业组织形态变革的影响原因，大体概括为既受企业内部因素影响，如企业的生命周期、规模与范围、战略定位、核心能力及功能类型等自身特征的影响；又受企业外部因素影响，如产业变革、技术革命和新型工业化浪潮等制度环境的影响，是共同作用的结果。

（1）外部环境的影响

企业要生存和发展，就必须不断地适应环境的变化、满足环境对组织提出的各种要求。因此，环境是决定管理者采取何种类型组织架构的一个关键因素。外部环境指的是企业所处的行业特征、市场特点、材料供应、人力资源及政策环境等，这对组织的职能结构、层次结构、部门结构以及职权结构都会产生影响。建筑企业属于劳动密集型企业，生产条件艰苦、人员流动性强、生产活动连续性差、资金依赖性大、人才短缺严重。为此，在这种环境复杂多变的条件下，组织设计就越要强调适应性，在结构上需维持一定程度的灵活与弹性，这样才能使企业更具应变的能力。

（2）企业战略的影响

企业的组织架构是企业实现经营战略的主要工具，不同的战略要求采用不同的组织结构。一旦战略形成，组织架构就应作出相应的调整，以适应战略实施的要求。企业实行多元化战略，意味着企业的经营内容涉及多方面业务，高度多元化的战略要求组织架构更加灵活。这就需要分权式的组织架构，这种结构是相对松散的，具有更多的不同步性和灵活性。而单一经营战略或企业推行低成本战略时，就要求组织架构降低运营成本并提高整体运作效率，这时企业可选择集权度较高的组织架构，如直线职能制，这样的组织架构通常具有更多的机械性。

（3）企业规模的影响

企业规模是影响企业组织设计的重要因素。企业的规模不同，其内部结构也会存在明显的差异。随着企业规模的不断扩大，企业活动的内容日趋复杂，人数逐渐增多，专业分工不断细化，部门和职务的数量逐渐增加，这些都会直接导致组织架构复杂性的增加。企业规模越大，需要协调与决策的事务将会不断增加，管理幅度就会越大。但是，管理者的时间和精力是有限的。这一矛盾将促使企业增加管理层级并进行更多的分权。因此，企业规模的扩大将会使组织的层级结构、部门结构与职能结构发生相应的变化。

（4）业务特点的影响

一般情况下，企业业务种类越多，组织内部部门或岗位设置就越多。企业的各个业务联系越紧密，组织机构设计越需要考虑部门及部门内部的业务之间的相互作用，越不能采用分散的组织机构。对于建筑企业而言，由于生产活动涉及面广、环节多、产业链长，企业内部存在多个不同专业和工种，企业外部涉及的关联产业、企业复杂多变，从而使建筑企业的生产活动的组织协调关系较为复杂，业务之间的技术与管理的系统性、关联度较高。一般而言，如果企业的业务之间联系非常紧密，或业务之间的关联度很高，那么组织各部门或岗位之间的联系就越多，部门或岗位的协调性就越强。在这种生产运营状况下，企业宜采用扁平化管理模式，强化组织的要素资源配置效率和协同管理能力。

（5）技术水平的影响

组织的活动需要利用一定的技术和反映一定技术水平的特殊手段来进行。技术以及技术设备的水平，不仅影响组织活动的效果和效率，还作用于组织活动的内容划分、职务设置等方面。对于建筑企业而言，不像制造业那样必须通过技术的不断创新才能给企业带来高额利润，技术是组织机构设置的主线。建筑业各个企业的技术都差不多，易于复制模仿，企业的主要利润增长点不单纯在技术上，更大程度在组织管理上，组织机构的设置应更多地考虑设计主导、协调配合、成本降低、效率提升等，并以这些因素作为组织机构设计的主线。

（6）信息化发展的影响

物联网＋、大数据、数字化等信息技术的普及和发展，将会使企业组织机构的存在基础产生巨大的变革，也必将成为现代建筑产业发展的重要基础和手段。信息技术的应用，将使企业的业务流程发生根本性的变化，还将改变企业经营所需的资源结构和员工之间劳动组合的关系，使得信息资源的重要性大大提升。组织架构的设计应该从原来庞大、复杂、刚性的状态中解脱出来，这样的组织更有利于信息的流动并趋于简化。因此，建筑企业采用信息技术和管理系统后，应及时调整其组织架构，转变企业组织方式、经营方式和业务流程，重新整合企业内、外资源，并采用扁平化的组织架构来适应信息物联网、大数据、数字化的融合与应用，进而减少组织层级和管理人员，提高协同管理效率，降低企业内部管理成本。

总之，在新型建筑工业化发展的背景下，对于企业组织管理的影响，除上述单一的影响因素外，最重要的是生产方式变革带来的系统性影响，新型建筑工业化是以"建筑"作为最终产品，其建造生产过程必须具有连续性、一体化和高度组织化，这必然对企业的既有的组织管理形态带来影响和挑战，也必然会促进企业改变原有的科层制的组织结构，向适合新型建筑工业化发展的协同高效的组织结构转变。

4. 建筑企业组织结构的发展趋势

企业的组织形态是随着时代的变化而变化的，没有最佳的企业形态，只有时代的企业形态，企业形态与时代变化具有很强的契合性，这已是人们的一个基本共识。也就是说，企业惟有跟上时代的发展步伐，才能获得生存与发展。当今时代，导致企业组织形态变革的根本因素是技术革命，技术发展是企业组织形态演变的根本动力。为使企业组织机构的发展适应新时代的需要，就必须随着新技术、新业态的发展而不断优化和完善组织机构，特别是进入信息化时代，随着信息互联网、大数据、5G等信息技术的快速发展，企业横向界面、纵向界面和企业间界面的系统集成管理日益向虚拟化方向转变，企业组织结构模式也日益由以分工为主导思想的组织结构模式，演变为以系统集成为主导思想的组织结构模式。随着互联网信息时代的来临,所产生技术革命的影响,企业间相互融合、链条延伸、技术渗透不断加深,也由此形成产业发展的新业态、新模式、新路径。为此,企业组织结构不断调适、优化和更新显得尤为重要。

据有关的研究机构表明,企业组织形态大体分为传统企业组织形态、新型企业组织形态(横向化、扁平化)、现代企业组织形态(平台化、模块化)和未来企业组织形态(生态化、个体化)四大演进阶段,它们分别对应于工业经济时代、信息经济时代、数字经济时代和智能经济时代。本书主要针对当前信息经济时代,分析企业组织形态应具有以下方面的发展趋势:

(1)企业组织结构的扁平化趋势

由于强调高度分工,传统组织结构越来越庞大,并向纵深方向发展,无论是直线职能制的集权层级型的组织,还是事业部制的分权层级型组织,都会随着企业不断扩张而逐渐形成"金字塔"形组织。但是,随着技术进步与社会发展,这种工业革命时期产生并发展起来的组织机构,已经不能适应新时代的企业发展的新要求,难以顺应科技革命、产业变革、消费升级的大趋势,其弊端也逐步凸显出来,主要表现为:管理层次多,组织内部信息传递效率降低、失真严重;管理幅度小,企业作出的决策低效,甚至错误;组织部门设置臃肿,人员冗杂,企业办事效率低下;部门间责任划分不清,导致工作中互相推诿、互相掣肘,企业内耗严重等。为此,进入 20 世纪 90 年代,企业扁平化组织结构应运而生,并逐步得到完善和发展。

扁平化组织结构是指企业组织内部依据企业发展战略目标和定位,建立以企业核心能力为中心、以生产需求为导向的横向价值链和产业链,并将企业生产要素的纵向关系和运营管理流程,通过企业信息化管理平台的新功能,系统集成为纵横交错的协调互通关系,打通了企业纵向各部门之间的障碍和壁垒,使信息数据在组织内有效传递,提高了企业的要素高效协同配置能力,从而形成了扁平化组织结构形式,比如,矩阵式、团队型和网络型等组织形式。

扁平化组织结构的主要特点是企业运用信息化技术手段,使纵横向管理层级的层次减少，管理幅度增大，有利于加强企业横向协调，消除企业内部由分工造成的各种信息孤岛，实现企业纵横向管理层级的互联互通、信息共享，充分调动基层组织和员工的积极性及主动性，使企业生产经营更具有灵活性和弹性。

（2）企业组织边界的虚拟化趋势

企业组织边界的虚拟化组织，是进入新时代，随着产业要素市场化配置深化改革，促进要素自主有序流动，提高要素配置效率，进一步激发全社会创造力和市场活力，推动经济发展质量变革、效率变革、动力变革等一系列产业变革所呈现的新生态、新经济、新模式。实际上也是产业与关联产业间、企业与企业内部间要素的深度融合与相互渗透，所形成的一种组织结构的边界日益模糊的经济现象。这种组织结构主要以核心能力为轴心，其组织结构自由地向外扩张和向内收敛，并使信息在组织内有效传递，组织内部结构的边界越来越相互渗透，从而消除其职能部门之间、层级之间的障碍，使组织更具有活力。

虚拟组织是一种新的组织形态，主要特点是将企业内分部分项工作通过合约承包给不同企业的专业公司完成，而企业总部主要职能是制定战略规划、开拓市场、组织协调，并运用信息技术手段宏观指导和管控生产活动的资源配置、进度安排、成本核算、质量安全和组织协调等。虚拟组织主要是以专业化分工合作为联系纽带，以生产一体化的协同高效为核心，结合管理层的集中控制与市场运营机制所形成的一个动态的社会化大生产的联合组织模式。例如，建筑产业的大型工程总承包企业在承揽工程项目后，将企业核心要素集中管理，再将项目的分部分项工程交由各类专业分包商、部品供应商等来完成，而总承包企业则运用信息技术负责总体管控和组织协调，并由此形成一种具有信息化、一体化、专业化和社会化的虚拟组织结构。

总体而言，进入信息经济时代，产业互联网的虚拟空间的出现，打破了时空对信息传递的束缚，信息流通具备"零时间、零距离、零成本、无边界"的特征。对于生产者来说，传统企业组织形态发挥作用的前提条件在信息经济时代被完全颠覆，互联网正在用其底层技术重塑企业，交易成本优势十分明显，风险控制优势更加突出。由此可见，信息技术发展带来了传统企业的流程再造，其产生的新型企业组织结构形态，本质上是一种虚拟性组织。相比于传统企业组织形态，新型企业组织形态具有开放性、无边界、横向化、扁平化等特点，本质是信息技术发展带来市场交易成本持续降低的趋势下，企业采用"市场为主"的资源配置方案，实现企业与生产融合发展。

从新型建筑工业化发展内涵和企业管理概念中可以清楚地看到，进入工业化、数字化、绿色化同步融合发展的新时代，对建筑企业的组织管理产生了重大影响，尤其是给建筑企业的传统管理模式带来了巨大的挑战。面对挑战，建筑企业只有摆脱传统路径的依赖，积极主动迎接和适应新时代的新变化，并通过改革创新发展，才能真正形成差异化的核心竞争力，才能从根本上实现企业转型升级，才能跟上时代发展的步伐。在创新发展中，不能单纯依靠技术创新，必须要技术与管理双轮驱动，向技术要产品，向管理要效益。

2.2　建筑企业管理面临的问题和挑战

2.2.1　建筑企业管理面临的问题

1. 企业发展战略缺乏长远目标指引，追求短期效益

企业长远的战略目标是企业长期发展的路线和灵魂，科学合理的战略规划是企业全面发展的系统性指引。从我国建筑业的发展现状看，大多建筑企业都未能真正从实际出发，结合自身所处的外部环境和条件，制定并调整企业中长期的发展战略规划，忽视永续经营的终极目标，而是一味追求企业短期效益，强调短期利润率最大化和企业产值规模增长。有的企业虽然制定了战略规划和目标，但由于制定的战略规划不切实际，形式主义严重，为了"规划"而规划，且执行起来又大打折扣，甚至束之高阁，往往变成一纸空文;或者对战略规划既定目标缺乏持之以恒的追求，见异思迁，

随意调整企业战略方向，甚至偏离核心业务的轨道，试图"弯道超车"，往往陷入多元化经营的陷阱。

当前，新一轮科技革命与产业变革日新月异，新型建筑工业化与智能建造融合发展，建筑企业所面临外部环境的不确定性越来越高，战略对于企业发展的指引作用愈加凸显，企业如何立足长远、审时度势，摒弃短期效益的行为观念，找准所处的时代方向，抓住新型建筑工业化发展的机遇期，研究制定科学合理、切实可行的发展战略规划，并化战略为行动，真正发挥战略规划对企业发展的引领作用，是建筑企业实现转型升级和高质量发展的关键所在。

2. 企业组织管理缺乏有效协同机制，管理效率低下

企业管理的载体是组织，组织的科学化和现代化程度将直接影响并制约企业目标的实现。目前我国建筑企业的组织有两种典型的组织形态，一种是一些国有大企业，纵向层次过多，从子公司至最高层级层次达到4～5层或者更多，子公司大多以号码公司并列，最上层很多只是执行国有资产、发展战略管理和一些行政职能，实际履行着行政和社会组织职能。另一种有代表性的企业组织是公司设有大量的项目经理部，这些项目经理部类似于分公司，有不同程度的人、财、物、权力，总部主要依靠增加项目经理部，提取管理费取得收益，项目经理部作为独立核算单位承揽工程，完成工程建造。两种组织形态都存在专业化分工不明确、整体性不强、缺乏有效的协同机制等问题。

由于建筑企业主要以传统施工总包业务为主形成的组织架构，表现为直线职能式的集权型组织管理模式，强调部门高度分工，管理层次多，管理幅度小，部门设置臃肿，责任边界划分不清，进而造成各部门之间信息传递效率低、失真严重，企业作出的决策低效，甚至错误。尤其是在生产经营的全过程中，技术与管理"两层皮"，设计、生产、采购、施工各自为战，互相推诿、互相掣肘，进而导致企业内耗严重、资源浪费、管理效率低下、经济效益不高等问题层出不穷，且具有普遍性，其根源主要是企业内部缺少有效的组织协同机制。

3. 企业核心业务缺乏差异化竞争优势，同质化竞争严重

长期以来，建筑企业依赖我国经济快速发展的强大市场，规模由小变大，但大而不强，走过的是一条"血拼"式的同质化竞争道路。目前全国有生产活动的建筑企业近 10 万家，基本上是以"施工总包或专业分包"业务为主的工程管理型公司，几乎没有属于自己的产业工人队伍和技能型工人，生产活动主要依赖劳务市场的农民工；企业尚未形成并掌握专有的核心技术体系，企业主体技术创新动力和能力不足，技术集成能力和生产协同的组织能力十分薄弱，专业技术素质和能力普遍偏低；企业工程组织方式相对落后，设计、生产、施工相互脱节，责任主体不明确，尚未形成一体化的专业化分工协作的生产运营机制。从目前我国建筑企业的发展现状看，企业的核心能力不强，管理基础十分薄弱，尤其缺乏差异化的核心竞争力。

企业同质化竞争主要表现在：大型建筑企业与中小型企业在核心能力和业务范围上无较大差异，大型企业不强、中小企业不精，主要区别在企业资质等级与规模上的不同，甚至有些中小企业为了承揽工程，"挂靠"大型企业开展不相适宜的工程业务。由于历史原因，许多央企内部在同一区域形成众多公司，作业方式几乎基本相同却不能整合，特别是从大型集团公司整体运营来看，普遍存在资源整合度弱、经营一体化程度低、专业化分工不明确、整体性协同性不强、行政成本较高等问题。由此不难看出，目前我国建筑企业缺乏核心竞争能力，企业内部组织形态同质化竞争严重，建筑市场基本处于同质化竞争状态。

4. 企业工程建造缺乏专业化分工协作，粗放式运营管理

长期以来，我国工程建设采用"以包代管"的方式，设计、生产、施工等各环节一直处于割裂状态，没有形成大型企业引领、中小企业配合的产业发展格局，企业内部更多的是站在设计、生产、施工等行业的角度上增加各自内部的效益，而并非将行业放在一条产业链上，分工协作、协同发展，保证项目整体效益最大化。我国实行工程招标投标制以来，多采用平行承发包模式，即业主将建设工程的设计、施工以及材料设备采购等任务进行拆分，发包给若干个设计单位、施工单位和材料设备供应单位，并

分别与各方签订合同。虽有利于缩短工期和质量控制，但存在着合同管理困难、组织协调工作量大、投资控制难度大、施工过程中设计变更和修改较多导致投资增加等问题。

由于工程项目的组织形式主要是基于劳务分包的总分包关系，进而造成层层转包、层层盘剥、利益输送等问题较多存在。上层承包组织收取3%或更高的管理费用后，将工程转给下一层承包组织，常常接最后一棒的是劳务企业或包工头，这种总分包关系不仅没有降低工程成本，反而大大增加工程成本，最后用于工程的资金受到严重挤占，直接导致工程偷工减料，降低工程质量，增加安全隐患，总分包企业的技术管理水平下降。由于工程项目责任主体层次不清晰、企业之间的责权利无法做到有效统一，对工程建设质量也造成了很多负面影响，这些问题都直接反映了建筑企业粗放式运营管理的状况。

5. 企业人力资源缺乏职业技能管理，工人技能素质偏低

我国工程建设领域高水平技术专家人才、建造管理人才、科技创新人才严重不足，而懂技术、晓经济、会管理的具有工程总承包管理能力的复合型、创新型人才尤其缺乏。而且，我国在工程施工环节，主要依赖于"知识程度低、离散度高"的劳务市场的农民工队伍，建筑工人普遍文化程度低、年龄偏大、缺乏系统技能培训。产业工人队伍整体素质不高，也在很大程度上制约了工程质量和水平的提高。

近年来，伴随着我国装配式建筑的快速发展，一大批混凝土预制构件工厂应运而生，据有关资料统计，近5年来，全国新建的预制构件工厂有1200多家。随着预制构件工厂数量的快速增加，企业对管理人员、专业化技术人员和熟练工人的需求也越来越大。但由于行业原有人员有限，多数毕业生对预制构件工厂不了解，不愿意到工厂工作，导致人才短缺，工厂之间相互挖人现象严重。而且大部分预制构件工厂投资主体是施工企业，由于受传统施工总包业务的影响，不愿招聘自有的产业工人，而是将流水线上的操作工人分包给劳务公司，对劳务工人缺乏系统培训，匆忙上岗，人员流动性大、技能素质低。预制构件工厂对技能型管理人才、技术型工人的依赖度很大，关键岗位需要相对固定的自有工人，如果人员流动一旦频繁，将对工厂生产运营带来较大影响，特别是对生产效率和产品质量将产生较大冲击。

2.2.2 建筑企业管理面临的挑战

总体上看，目前我国建筑企业大而不强，生产方式传统粗放，企业发展基础薄弱，管理碎片化严重，产业链协同能力差，缺乏差异化的核心竞争能力。从未来我国新型建筑工业化的发展趋势和要求看，将面临以下四个方面的挑战。

1. 建造方式变革带来的挑战

近年来，在国家和地方政府的大力推动下，装配式建筑得到了蓬勃发展，企业参与的热情空前高涨，发展路径日渐清晰，标准体系逐步完善，装配式新技术、新产品、新工艺不断涌现，新建工程项目越来越多，各方面工作都取得了重大进展，也为建筑业的改革发展，注入了强大活力。发展装配式建筑是建造方式的重大变革，标志着传统粗放的建造方式向新型工业化建造方式的转变，采用设计标准化、生产工厂化、施工装配化、装修一体化和管理信息化的"五化一体"的新型建造方式，目标是要走出一条科技含量高、建筑质量优、经济效益好、人力资源优势得到充分发挥的新型建筑工业化道路。因此，发展装配式建筑必须要摆脱传统路径，尤其是在发展理念上，要树立以建筑为"产品"的经营理念；在组织内涵上，要建立对工程项目实行整体策划、全面部署、协同运营的管理体系；在企业核心能力上，要充分体现技术产品的集成能力和组织管理的协同能力。发展装配式建筑必将会促进建筑业产生脱胎换骨的变化，是转型升级、创新发展的必由之路。

近年来我国推进装配式建筑发展的实践已充分表明，建造方式变革的时代已经到来，走新型建筑工业化发展道路，已成为新时代建筑业转型发展的必然要求，同时也表明我国新型建筑工业化发展已进入重要历史时期，必然要引发建筑企业传统的建造技术、组织管理和运营机制的深刻变革。但是，目前装配式建筑项目的效率效益不高，工程建造的优势体现得还不够明显，同时也暴露出一些成本、质量、安全等问题，尤其是企业管理模式在很多方面还不能适应工业化的发展要求，甚至在某些方面已成为发展的桎梏，严重束缚了企业的创新发展。为此，实现建造方式变革，是一项长期的、艰苦的、全方位的创新过程，这就不得不认真研究思考我国建筑企业的发展战略定位、技术创新方向、组织管理模式的变革等一系列创新发展问题。同时，新型工业化建造方式关键在于组织管理，传统粗放的组织管理无法适应新型工业化建造方式的发展要求，单纯靠研发应用一些先进技术的"一条腿"走路，或者说"穿新鞋、走老路"，不可能实现工业化"提质增效"的目标。必须要通过技术与管理双轮驱动，向技术要产品，向管理要效益，才能实现高质量发展的目标。

2. 组织管理变革带来的挑战

进入新时代，绿色化、工业化、数字化已成为建筑业发展方向，同时，也成为企业组织变革的驱动力，促使企业组织在新的动态环境及新型建筑工业化发展中保持灵活性、适应性，强调变革的及时性和连续性。企业组织变革就是在新业态、新要求下，当组织运行迟缓、部门内部之间相互掣肘，越来越无法适应经营环境的新变化时，企业所作出的战略选择和组织调整，即将组织结构、工作流程、管理制度和企业文化等各种组织要素进行必要的有针对性的战略目标的调整与改革。否则，企业组织的运营机制将无法适应新形势的新变化，跟不上新时代发展的步伐，企业甚至会被淘汰出局。为此，组织管理协同高效和资源有效配置，是建筑企业在创新发展中亟待解决的突出问题，也是走新型建筑工业化发展道路必须要面对的重大课题。

长期以来，我国建筑业大而不强，仍属于粗放式劳动密集型产业，产业碎片化管理、生产要素资源分散，在企业生产活动中难以形成协同高效的产业链和价值链，这已成为阻碍建筑企业高质量发展的重要问题。建筑企业发展方式单一，主要以施工总包或分包业务为主，进而导致工程建造全过程的协同性不强，要素配置效率低下，产业链上难以协同高效。随着工程总承包（EPC、PPP、BOT）等管理模式应用越来越广泛，工程项目管理不应局限于传统管理方式，而是需要进行全过程集成管理，紧密衔接项目的范围、进度、质量、成本、安全、风险、资源等管理要素，覆盖项目的策划、投标、劳务分包、财务资金、环保节能、物资设备、文明施工等业务环节，对项目计划制定、实施和综合变更控制等进行系统化、规范化、集成化管理。向 EPC 工程总承包方向发展，是建筑企业转型升级的必然选择，这不仅仅是简单的产业链和价值链的延伸，还意味着企业组织和核心业务重心的变化。企业业务重心的改变，必定导致过去以施工总包为主的组织体系、职责分工、运营机制不再适用。如何针对业务重心的变化，对企业的组织体系进行相应的调整，特别是从组织上做好转型的准备和变革，是大型建筑企业必然要面对的新挑战。

3. 企业数字化转型带来的挑战

数字化是新型建造方式的手段，工业化与数字化的深度融合是新型建造方式发展的必然方向。数字化不仅可以促进工程建造活动的效率提升，而且可以促使建筑企业的运营管理模式和生产建造方式发生根本性变革。当今世界正处于工业经济向数字经济转型的变革时代，在数字经济的大背景下，我国建筑业也受到了重大影响，建筑企业如何实现数字化转型，在竞争中把握先机并重塑竞争优势，已成为业界普遍关注的问题。所谓数字化转型，是指基于使用互联网、大数据和人工智能等数字化技术手段，实现对企业的发展战略、组织管理、业务流程、建造技术和商业模式等一系列优化、重构，达成要素资源配置高效运营的全过程。数字化转型是基于企业级的战略转型，本身具有相当高的复杂性和系统性，不是仅仅发展单一业务的数字化所能实现的。

建筑企业数字化转型的目标，主要在于改变传统粗放的建造方式和运营管理模式，提升企业的生产效率和核心竞争能力。目前大多数企业还停留在 BIM 技术、人工智能场景或单一部门级业务应用层面，只能说仅仅迈出了数字化转型的第一步，尚未形成企业级系统性认知，甚至不知道如何利用数据资产，挖掘并发挥数据价值。进入数字化转型时代，企业只有尽快消除各种数字信息孤岛，才能实现企业上下的互联互通，才能实现内部运营管理的资源共享，才能实现企业运营管理效率的提升，才能跟上数字化时代发展的步伐。

建筑业要想实现数字化转型，就必须花大气力攻克数字化集成应用这个堡垒。影响数字化集成应用的关键，是整个行业和企业发展的"碎片化"与"系统性"的矛盾问题，包括技术管理的"碎片化"，体制机制的"碎片化"。要实现数字化转型，就要将建筑行业和企业的运营管理逻辑与数字化深度融合，实现一体化和平台化。通过信息互联技术与企业生产技术和管理的深度融合，实现企业管理数字化和精细化，从而提高企业运营管理效率，进而提升建筑产业的生产力。

4. 人力资源短缺与成本提高带来的挑战

进入到"十二五"时期后，中国最丰富的劳动力资源几乎"突如其来"地发生了供需关系的显著变化，特别是近10年以来，企业普遍感受到劳动力供给和人力成本提高的巨大压力。我国建筑业长期以来工程建设施工的一线工人，主要依靠劳务市场的农民工，没有自有的相对固定的产业工人队伍。近年来，由于经济社会的快速发展，农民生活水平的不断提高，进城务工的人员逐年减少，导致了工程建设的劳动力短缺和老龄化持续加剧，建筑企业已面临"招工难""用工荒"的现实。目前，工程建设用工成本一涨再涨，人力成本由原来的30%左右提高到50%以上，而且还难以找到稳定、合适的工人，大量的工程建设因为招不到工人而拖延工期、违反合约。这些情况证据确凿地表明，建筑业依赖低价劳动力资源的时代正在走向终结，建筑企业的组织管理模式已不能适应新形势的发展要求。同时，新的形势对企业的生产技术和经营管理水平提出了重大挑战，也直接意味着狼性的"血拼"式竞争的粗放式增长方式必须要从根本上转变。

党中央、国务院历来高度重视产业工人队伍建设工作，制定出台了一系列支持产业工人队伍发展的政策措施。建筑工人是我国产业工人的重要组成部分，是建筑业持续健康发展的基础，是保证工程建设项目质量、品质、效率和效益的重要支撑。当前，我国建筑产业工人队伍仍存在无序流动性大、老龄化现象突出、一线建筑工人技能素质不高、权益保障不到位、专业化的技能型工人短缺、高素质复合型人才严重缺乏等问题，已经制约了建筑企业的高质量发展。如何摆脱传统用工方式和组织方式，建立符合新时代要求的生产组织管理模式，提升智能建造水平，加快自有建筑工人队伍建设，是摆在建筑企业面前需要认真研究的课题。特别是，如何通过技术升级，推动建筑工人从传统建造方式向新型工业化建造方式转变，探索在新型建筑工业化背景下的现代企业管理，是新时期建筑企业亟待解决的重大问题。

2.3 现代建筑企业的运营管理

2.3.1 中小型建筑企业运营管理

截至 2023 年 6 月底，我国有施工活动的建筑企业总数约为 13.97 万家，其中大型企业占 10% 左右，有接近 90% 的企业都是中小型企业。由于建筑行业进入的门槛较低，这些中小企业之间的业务水平、专业能力差异不大，市场同质化竞争十分激烈。在科技革命和产业变革快速发展、外部环境复杂多变、市场竞争日益加剧的背景下，中小型建筑企业要走出一条新型建筑工业化发展道路，实现高质量发展，不仅是依靠技术创新，更重要的是要从企业管理入手，找出问题根源，明确战略定位，优化组织结构，完善运营机制，掌握核心技术，提升管理水平。

1. 中小型建筑企业战略管理

（1）中小型建筑企业战略管理存在的问题

一是，重战略规划，轻战略执行。企业的成功不仅要有长远的战略规划，更重要的是要有战略执行力。坚强有力的战略执行力是企业战略得到实施的必要条件，战略执行不到位，再好的战略规划也是空中楼阁。然而，有些中小型建筑企业往往脱离企业发展实际，制定的战略规划"假、大、空"，将制定的战略规划高高挂起，说一套、做一套，毫无战略指导性和价值性，制定的战略目标和业务转型规划往往是沦为空谈。

二是，多跟风模仿，战略性趋同。由于建筑业技术门槛低，一旦有新技术、新产品或新模式出现，中小企业的模仿者就会迅速出现；一旦有新的政策导向，马上有一大批中小企业闻风而上、相互模仿竞争。在建筑企业的创新发展中，很难找到"我能做、别人不能做"的"蓝海"领域，而且大多数企业之间能力差距非常小。其主要原因是，中小型建筑企业在战略选择上表现为机会主义，缺乏战略耐心，明显表现出政策热点心态、追风赶热心态，企业不愿意"久久为功"，而是急于求成，在企业发展战略上表现为浅尝辄止，缺乏长期的目标指引和勇于克坚攻难的信心。

三是，缺战略思维，粗放式发展。大多数中小型建筑企业短期效益明显，缺乏长期发展的战略思维和规划，热衷于轻资产"皮包公司"的粗放式发展，多采用以包代管、转包挂靠的"包工头"式的生产经营模式，企业没有长期战略规划指引，没有企业核心能力，也没有自己的产业工人队伍，一门心思找关系、靠朋友。一些企业为了得到工程项目，甚至不择手段、低价中标，忽视工程项目的经济性、合理性，更谈不上企业发展战略。

（2）中小型建筑企业的战略选择

在新型建筑工业化快速发展的大背景下，对中小型建筑来说，既面临着发展机遇，同时也面临着转型升级的挑战。企业如何从变革中抓住发展机遇、迎难而上，明确企业发展战略，实现转型升级和高质量发展，走出一条专业化的差异化发展道路，是企业发展战略的最佳选择。

1）专业化发展战略。专业化（或专业化公司）是企业结合自身资源和能力，依据市场的需求和环境，选择适合自己生产经营的专业方向，专门生产某类建筑产品或完成某类建筑部品生产、安装、施工作业或服务，并符合专业标准、有专门工程技术人员负责专门业务并获得相应专业地位的过程。

专业化是新型建筑工业化的先进组织形式，它具有较好的经济和社会效果。专业化企业针对工程建设集中某类技术产品的生产、施工或服务，能够组织标准化、大批量生产，能够采用先进的专用设备和工艺，工人、工程技术人员和管理人员经过培训各有专长，有利于提高劳动生产率和管理水平，有利于更快地发展新产品，有利于提高质量和降本增效。

专业化战略具有以下特点：

业务特点：随着产业结构不断调整优化，以及新型建筑工业化和工程总承包模式的大力推进，专业化分工协作更加有序，中小型建筑企业的工程业务更多来自于大型总包公司的分包。中小型建筑企业将通过与大型总包公司形成长期的战略合作关系，与总包公司共存共进，既解决了中小型建筑企业的业务来源，又降低了市场风险；既能够保证大型总包企业的补链强链，又能够有效提高工程项目的质量和效率。

技术特点：专业公司顾名思义就是干专业的活，要充分体现专业性，尤其在企业深耕的专业领域，必须要掌握核心技术，具有差异化竞争优势，性价比要比其他企业高，这背后起决定作用的就是企业的技术研发和专业能力，与其他企业相比，技术创新更加突出，技术水平更加前沿，组织管理更加高效，技术工人更加精专。

模式特点：专业公司要有明确的市场定位和商业模式。是确定高端市场，还是走中端或低端路线？市场定位必须要明确，比如中国建筑聚焦大市场、大业主、大项目，金螳螂装饰公司定位在公共建筑的高端装饰工程，山东万斯达专门做预应力钢管混凝土叠合板（PK 板）并有自己的商业模式，他们的市场定位和业务模式都非常明确。在相对固定的业务模式下，企业需要建立一整套与业务模式紧密相关的技术、工法体系和运营组织管理体系，培养一支长期稳定的专业化工人队伍。

2）差异化发展战略。差异化发展战略也称特色优势战略。是企业将产品或公司提供的生产与服务差别化，形成自身在全行业范围中有别于竞争对手的独特性优势。

在新型建筑工业化发展中，中小企业走专业化发展道路也是差异化战略的具体体现。构建以总承包企业为龙头、以专业化分包企业为依托，努力实现"总包强、分包精"的目标，这是行业层面的差异化。中小企业在大力发展工程总承包模式的背景下，要深入分析自己的资源能力，结合专业和产品特点开展对接工程总承包业务的差异化，如专注于工程机械、机电安装工程、幕墙工程、装饰装修工程等，为总包公司提供一体化服务，要充分体现专项业务的差异化明显、竞争力较强，比竞争对手造价更低、时间更短、提供资金等一揽子解决方案，这就是企业的差异化战略。

差异化战略的实施需要组织管理及运营体系的支撑。一方面组织管理及运营体系是服务战略的，采用差异化战略自然需要相应的组织和流程来匹配。比如建筑企业向工程总承包转型过程中，不能照搬原来施工总包的组织架构和管理流程，需要重新审视和优化设计管理、采购管理等管理体系。另一方面组织管理及运营体系本身就是差异化战略的一种，如高效富有活力的组织，能迅速地应对市场变化和响应客户需求，这本身就是强竞争力、差异化战略的一种体现。

2. 中小型建筑企业组织管理

（1）中小型建筑企业组织结构存在的问题

一是，信息单向传递，反馈通道不畅。一般而言，中小企业组织层级较少，理应沟通成本较低，信息传递效率较高。但在采用直线形结构的组织中，往往容易出现信息单向传递的现象，即上级命令层层下达到下级时一路畅通无阻，但是下级的反馈却很难向上传递，基层员工作为项目和市场的直接接触者，更容易掌握一手的项目进展情况和市场状况，然而其意见和诉求却很难被管理者及时接收，从而使得实际项目推进过程中存在的问题难以被管理者及时发现。

二是，注重领导能力，忽视员工发展。中小企业决策权往往集中在一个人身上，企业在运营过程中遇到的问题、困难都需要层层上报，由管理者统一决定。因此，在企业的发展过程中，往往认为管理者的个人能力和专业素养是攸关企业发展壮大的决定性因素，而忽视员工的发展、员工缺乏自主权和话语权，长此以往则使得员工不断被"驯化"，在工作中一味服从而不加以思考，限制了其主观能动性和创造力的发挥，打击了员工的工作积极性，不利于员工综合素质的提高。

三是，部门协调不足，权责边界模糊。在以工程为主的建筑企业中，各职能部门之间的权责划分较为模糊，沟通协作机制不够完善。比如工程项目的原材料采购，需要生产、采购、财务等几个部门之间互相沟通，共同完成。一旦项目出现问题，生产部门指责采购部门原材料供应不及时从而延误项目交付，采购部门指责财务部门资金调拨效率低下，财务部门则可能把责任推卸到生产部门提供的材料信息有误。各部门之间缺乏有效的沟通协作，组织管理难以协同高效。

四是，组织调整超前，企业发展病态。中小企业在创建初期，往往规模较小，采用简单的组织结构，可以在节约管理成本的同时保持较好的灵活性。但是，随着企业的经营发展，生产规模不断扩大，组织结构也随着企业规模的变化而不断调整，在组织结构调整过程中往往过于注重管理形式，使得不少中小企业患上了"大企业病"，造成组织架构的复杂程度和流程制度的繁琐程度都堪比大型甚至超大型企业，而综合实力和核心竞争力的提升却十分有限。这种组织结构和企业实力不匹配的病态发展给企业带来了大量不必要的管理成本，反而使中小企业丧失了原有的竞争优势。

（2）中小型建筑企业组织结构优化方向

从当前中小型建筑企业发展的实际情况来看，大多数都面临着组织结构不合理的问题，针对这些问题进行组织优化就成为中小型建筑企业寻求可持续发展道路的过程中亟待解决的问题。

一是，在集权和分权之间寻求平衡。在大型建筑企业的组织模式中，常常讨论"强总部"还是"弱总部"的问题，实际上也是集权和分权的问题。大型企业组织结构和业务相对复杂，选择"强总部"或"弱总部"的模式要根据企业的自身情况决定，只要选择了适合自己的模式，都能为企业的发展提供保障。而中小型建筑企业组织结构则相对简单，一般更适合采用所谓"强总部"的模式。但在组织优化的过程中，也要防止权力过于集中的问题。对于企业的最高管理层，还是应该保证权力相对集中，重大决策权集中在某个或者某几个人身上；对于企业中层管理和一般员工，也要在充分考虑企业的发展规模、业务的复杂程度、人员的综合素质和管理能力等因素的基础上，适度进行权力下放，寻求集权和分权的动态平衡。适度的集权保证高层领导在企业发展的重大决策中发挥决定性作用的同时，科学的分权将次重要的决策权下放到中层甚至基层，提高组织运行的效率，也更能调动员工的工作积极性，提升员工的归属感和使命感。

二是，采用扁平化矩阵式组织管理模式。中小型建筑企业在组织优化的过程中，应当遵循"删繁就简"的原则，降低组织结构的复杂性。一方面在组织的纵向结构上实现扁平化管理，缩短管理链条，实现管理层直接管理项目部的模式。精简中间层级和不必要的工作流程、制度，避免信息传递层层加码的情况，打通上下有效沟通的渠道，使管理层能够"虽不在项目一线，却能及时获得项目实际开展过程中的一手资料"；另一方面，组织的横向职能划分要在实现专业化分工的基础上，推行矩阵式大部门化管理。即调整和整合部门的职能，将工作内容联系紧密、岗位职责互有交叉的几个部门整合成为一个大部门，精简人数过少和非必要的部门，打破横向沟通壁垒，降低横向沟通成本，增强横向的协调合作，降低企业的管理成本，提高管理效率。

企业的组织优化是一个动态平衡的过程，企业在进行组织优化的过程中，要时刻谨记"组织优化是为战略实施保驾护航的"原则。在行业环境复杂多变、政策红利逐渐减退的情况下，中小型建筑企业的组织结构要在企业发展战略的指导下，参考外部环境变化、行业发展情况、企业规模扩张等因素及时调整，以适应市场变化和企业自身的情况，保持组织的灵活性，激发组织活力，谋求长远发展。

2.3.2 大型建筑企业运营管理

在国家统计局大中小微型企业划分标准中，定义大型建筑企业的标准为"营业收入指标大于 8 亿元，资产指标大于 8 亿元"。建筑行业虽然企业总体数量多、从业人员数量大，但行业集中度处于较高的水平，行业前 10 强企业的营收占行业总营收的 20% 左右，特、一级资质企业数量达到 6500 家以上，占据建筑行业总产值的近 60%。市场逐步形成以中建、中铁、中交为代表的央企第一梯队，以上海建工、北京建工、陕西建工为代表的省级的第二梯队，以江浙地区民营建筑企业为代表的第三梯队的市场竞争格局。近年来，以建筑央企和地方建筑国企为代表的大型建筑企业大多保持超过 20% 的规模增长，有关资料显示，2021 年新签合同额占到全国新签合同额的 39.1%。地方民营建筑企业紧随其后，规模接近或迈向千亿的企业不在少数。大型建筑企业在规模扩张的道路上一路狂奔，势不可挡。但是，面对经济社会发展的不确定性和复杂性，企业运营管理既要保持战略定力，又要做好战略调整，才能更好跨越各种陷阱，走出可持续增长的高质量发展之路。

1. 大型建筑企业战略管理

（1）大型建筑企业战略管理存在的问题

一是，组织架构僵化臃肿，掣肘转型发展。建筑企业经过长期发展的历史积淀，孕育了企业的文化特质，同时也形成了相对固化的运营管理机制。然而，进入新型建筑工业化发展阶段，这些固有的组织模式与惯性思维，已经成为创新发展的桎梏，掣肘企业转型发展。从目前建筑企业内部组织架构的现状看，在管理层面，主要是以直线职能制或事业部制的组织架构为主，存在着纵向管理层级过多、横向职能部门设置过细、部门设置臃肿、人员冗杂、部门间责任划分不清、整体协同性不强、运营成本过高等问题。企业的组织架构必须要适应企业的发展战略要求，企业的战略也必须要适应新时代的新发展要求。对于企业来说，战略、组织、环境三大要素之间需要在发展中不断调整和匹配，才能支撑企业的可持续发展。然而，大型建筑企业普遍存在组织建设方面的难题，面对内外部环境的剧烈变化，缺乏战略性组织思维，组织能力建设的资源投入不足，组织体系建设理念严重滞后于业务创新发展。由此造成了大型建筑企业生产运营效率效益不高、企业组织管理碎片化等问题，已经难以支撑企业持续塑造核心竞争能力。

二是，依赖传统建筑业务，发展战略单一。近年来，以建筑央企为代表的大型建筑企业依靠传统建筑业务的规模性增长，公司在总体规模和效益等方面实现了长足发展。但是，受业务结构单一影响，发展方式单一、子企业同质化竞争等问题长期存在且未能得到有效解决，规模粗放扩张特征显著，"接活干活"的惯性思维根深蒂固，优势资源沉浸恋战于"工程施工承包"，未能走出传统施工承包的老路，没有找到新的稳定的规模成长空间。近年来，尽管提出了"以相关多元和专业化为突破口，实现产业结构调整"的发展战略，但由于缺乏人才、技术及管理等资源要素的支撑，难以发展壮大。虽然我国大型建筑企业近些年也正在走向综合承包，同时优势领域不断强化的道路，但业务板块之间的承包能力差距悬殊，各业务板块纵向各环节之间的一体化整合水平不高，战略优势领域的打造与国际上一流承包商的差距明显。企业内部法人同质化竞争普遍存在，资源的集中控制、调度能力有限，造成了利润水平低、没有过多的资金和精力进行技术及管理的研发提升、向高端发展步伐缓慢、企业抗风险能力差的情况。

三是，企业"集而不团"，一体化协同不彰。长期以来，我国大型建筑企业属集团形式，是多家法人的集合体，内部组织纵向层次过多，从子公司至最高层级层次达到 4~5 层或者更多，最上层很多只是执行国有资产、发展战略管理和一些行政职能。由于历史原因，许多央企内部在同一区域形成众多公司，作业方式几乎相同却不能整合，在组织形态都存在内部法人同质化竞争、专业分工不够、整体性不强的问题。从集团公司整体来看，存在资源整合度、经营一体化程度低，行政成本较高，核心竞争优势不集中，运作方式不灵活，管理效率受影响等问题。尤其是长期存在的"群狼战术"，虽然助力了企业规模增长、锤炼了市场竞争能力，但是"群狼"竞争的最后往往是"群狼内部撕咬"，一方面蚕食了本应属于囊中之物的利润，另一方面在一定程度上阻碍了内部协同联动、资源集约统筹的良性发展机制的形成，在一定程度上也加剧了集团子企业间的两极分化趋势。可以说，缺乏控制和引导的内部竞争既成就了昨天的成功，也带来了今天的问题。上述"集而不团"的问题，是多年不治的顽疾，其原因是多方面的、深层次的，相当长的时期内难以根本消解。

四是，企业管理基础薄弱，精细化管理缺失。长期以来，我国大型建筑企业在企业内部组织形态方面，组织管理界面始终存在着划分不清，业务管控能力不强，各业务之间的管控制度和管理流程不健全、不通畅，尤其在市场、履约、财务、商务和项目管理上相互制约、效率低下，企业管理缺乏有效的组织协调机制等问题。在市场营销方面,为获取项目和完成业绩,没有从市场源头、履约结算方面出思路、想办法,而是参与低水平市场竞争,导致建筑主业结算压力增大、合同质量下滑,由此深陷恶性竞争发展的循环之中。在项目管理方面,传统粗放的管理方式沿袭至今,不能与时俱进,标准化、工业化、信息化的管理手段运用水平不高,更多是靠"人治""人海"管理,项目管理过程具有随意性,结果呈现差异性,质量、安全、环保风险事件时有发生,制约企业可持续发展。在信息化方面,管理缺乏统筹规划、信息化与业务"两张皮"、信息系统互联互通不够、存在安全隐患,信息化支撑管理、信息化赋能主业任重道远。

五是,创新定力耐力不足,科研与应用脱节。纵观我国排名前 10 的大型建筑企业,经过几十年的发展,均已成长为全球排名前列的建设集团,但相较于企业规模体量和增长速度,科技研发投入不足的问题十分突出,技术投入比率基本都位列对标国外建筑企业末位。在科研领域方面,关注点仍集中在施工领域,对行业共性技术、前瞻性产业技术缺少提前布局的决心和长期开发的耐力,导致技术积累不足,引领能力不强,无法以新技术带动企业进入新领域,创造新优势,形成新增长点。在技术成果转化方面,即便在施工领域,技术研发与产业发展、市场开拓也存在脱节,成果转化效率不高,对业务发展的支撑力度不够,制约了项目基础管理能力提升。在考核导向方面,偏重市场创效能力,对科研机构的管理方式和手段缺乏必要的针对性、差异性,导致科研机构职能发挥不足、长期技术跟踪和研发能力欠缺。

（2）大型建筑企业的战略选择

在新型建筑工业化蓬勃发展、新一轮科技革命和产业变革日新月异的宏观背景下,大型建筑如何确定发展战略,明确新时期发展目标和任务,进一步统筹规划,调整并完善相应的组织结构,整合优化产业链资源,打造企业核心竞争力,形成适应新型建筑工业化发展的新模式、新路径、新生态,走出一条内涵集约化的高质量发展之路,是大型建筑企业在转型发展中最佳的战略选择。

1）制定适宜的长远发展战略

无论对于大企业，还是中小型企业，在正确把握行业发展方向，明晰市场需求的前提下，结合企业自身的实际，制定适宜的、长远的、符合自身发展需要的发展战略和经营策略都是至关重要的。战略的目的就是为了调整和解决企业发展问题，实现企业能够长期行稳致远。近年来，一些大型建筑企业抓住发展机遇，通过创新驱动，推动企业转型升级或合理布局新业务领域，目前已经通过实践，实现了合理化的战略布局与改革发展。比如中建八局、中建五局整体布局 EPC 业务，取得了显著成效；葛洲坝集团主动向环保领域转型发展，2017 年环保业务收入实现 267 亿元，营业收入占比达到 1/4。

在建筑行业增量无法持续增长的行业背景下，拥有正确且长远的战略策略及清晰可行的经营策略是重中之重，需要制定能够让企业长足发展的经营战略，坚定自身的战略定位及发展方向。相比较中小型建筑企业来说，虽然大型建筑企业拥有资源和信息的优势，战略实施的可能性范围更广，但是对于一部分业务专精于某一领域，且某一领域未来即将面临产能过剩问题的大型建筑企业来说，正所谓"船大难调头"，这一部分建筑企业为了稳定规模，更需要前置思考，明晰市场、行业发展方向，拥抱时代变革，及时调整发展模式或转型新业务领域，在正确长远的战略保驾护航之下，追求企业长远、高效、稳健的发展。

2）建立多元化一体化发展战略

对于大型建筑企业，尤其是大型国有建筑企业集团来说，在战略选择上应重点选择并实施多元化发展战略。企业多元化战略是指企业在原主导产业范围以外的领域从事生产经营活动，它是与专业化经营战略相对的一种企业发展战略。选择多元化发展战略，一是从拓展市场的角度，可以为企业长远发展增长提供新的载体和业态；二是从把握机会的角度，可以保证经营有足够的灵活性；三是从规避风险的角度，可以保证企业总体盈利的稳定；四是从资源利用的角度，可以使企业的优势资源得到共享，在资源利用上起到放大作用。特别是在产业链协同发展方面，作为大型建筑企业能够有条件有能力成为产业链链长，引领行业发展。

企业多元化战略，要根据企业的发展实际情况而定，原则上在生产经营和管理上要保持纵向一体化，必须要充分体现技术系统的协同性、生产建造过程的连续性和工程建设管理的高度组织化。纵向一体化也是一种在核心业务基础上向前后两个方向扩展企业现有经营业务的增长战略，例如，向前一体化是指组织的业务向金融投资、建筑原材料和产品生产行业扩展，而向后一体化是指企业向运维管理或咨询服务的行业扩展。另外，对于大型建筑企业在核心业务的横向上可以适当发展相关业务，称为横向多元化发展战略，例如，绿色建筑、智慧建造、碳排放、新能源等相关产业，但横向多元化选择一定要审时度势、慎之又慎，尽可能不要偏离主营业务范围，要保持相关性，切实发挥主营业务的辐射和带动作用。

3）建立"强总部、弱项目"发展战略

经研究发现，国外大型建筑企业组织层级少，结构扁平化，以企业总部为核心，不设多级企业法人，表现为"强总部"的模式，公司总部具有强大的作业功能，不仅掌控宏观发展战略和管理监督，而且把工作重点放在企业资源配置、系统集成和协同高效上，并将核心业务重心上移到事业部，强调管理职能与作业职能高度集中、统一，对各分、子公司及项目部进行"参与式"管控。总的来说，国外大型建筑企业具有较强的总部功能和较少的管理层次，项目管理则建立在各级组织的人员协同工作的基础上，企业各类资源实现了优化和合理配置，获得了较高的效益。而我国大型建筑企业恰恰与国外大型建筑企业相反，表现为"弱总部、强项目"，将企业核心业务重心下移到项目部，总部的职能主要注重业务指导和行为、质量监督，不直接参与生产作业，特别是建筑设计、技术研发的职能部门与施工建造过程基本脱节。

在我国大型建筑企业在新型建筑工业化发展的背景下，必须改变传统的组织管理模式，通过转型升级和企业结构治理，建立"强总部、弱项目"的战略发展模式。这不仅要考虑建筑工程的生产活动的间断性、生产地域的流动性，而且要充分考虑企业内部的协调互动、系统集成、成本控制，将资金、技术、设计、设备等各种要素的管理功能都集中到集团公司总部，较大的工程项目由总部直接谈判、签约、管理，使企业技术、管理、资金密集的优势得以充分发挥。

4）建立差异化核心能力发展战略

核心能力又称之为核心竞争力或者核心专长，是企业的一种独有的资源或者特长，是企业提高生产效率，从而实现可持续发展的重要保障。核心竞争力是一个特定组织在长期的生产经营过程中通过一系列的学习以及信息共享而缓慢形成的独特能力，是特定组织个性化长期发展的最终产物，这也就决定了核心竞争力是不易被其他组织所模仿的差异化竞争能力。就大型建筑企业来说，其核心竞争力形成花费的时间是由其项目的流动性以及建设周期的长期性决定的。与此同时，企业的竞争优势也会随着市场环境的变动而发生改变，要想在日益激烈的市场竞争中不被淘汰，就必须针对企业的核心竞争力进行持续的创新和培育，否则，企业的核心竞争力就会逐渐变弱，从而被其他企业赶超甚至淘汰。

2. 大型建筑企业组织管理

（1）大型建筑企业组织结构存在的问题

目前我国大型建筑企业传统组织结构的典型形态可以概括为两种：一种是一些国有大企业，纵向层次过多，从子公司至最高层级达到4～5层或者更多。另一种有代表性的企业组织结构是公司设有大量的项目经理部，总部主要依靠增加项目经理部，提取管理费取得收益。两种组织形态都有同质化竞争、组织结构的纵向层级过多、业务职能重心下沉、资源配置分散、整体协同性不强、运营成本过高的问题。特别是在运行机制上最大的弊端就是缺乏企业内在的、有效的协调机制。问题主要表现在：

一是组织结构纵向层级过多。当建筑企业发展到一定规模的时候，现有组织结构形式已经无法满足企业生产经营管理及中长期规模发展需要，决策层会根据市场布局、业务结构调整目标，将一些管理职能、业务职能进行下放，成立区域分公司或者特定业务的分公司。组织结构的层级过多必然会导致组织职能重复设置、要素资源浪费、工作程序繁杂、信息沟通不畅、决策系统迟缓等问题出现。

二是横向职能部门设置过细。尤其是大型国有建筑企业由于受到体制机制以及相关主管部门的管理制度要求，企业内部必然要设置相应的职能管理部门。企业横向职能部门的岗位设置过细会造成业务链、产业链以及生产经营活动的连续性和系统性被人为割裂，大大增加了沟通协调环节，行政成本较高，并使业务信息分散、办事效率低下、企业内耗加重。

三是企业业务职能重心下移。大型建筑企业集团多为"机关型"管理公司，业务经营主体主要由下属公司承担，业务职能与运营重心下移，主要表现为两种绝对形式，一是仅仅将生产业务的职能和任务向下移动，而将决策权力牢牢掌控；二是完全将人、财、物等管理权力交给项目经理部，收取一定比例的管理费，坐享其成。由此造成决策权与生产运营分离，形成决策者高高在上、生产经营者集中在下的相互割裂的生产运营管理格局。

四是要素资源得不到充分发挥。由于大型建筑企业组织层级过多、职能部门分散，特别是企业内部在同一区域形成众多公司，作业方式几乎相同却不能整合。从企业整体看，人才、物资、信息等资源分散，资源整合度低，个人能力、物资设备、信息数据以及创造性得不到充分发挥和融合互动。

五是产业链上不能协同高效。由于大型建筑企业内部的生产经营一体化程度低，各自为战，技术与管理脱节，设计、生产与施工脱节，核心竞争优势不集中，运作方式不灵活，难以形成系统集成的生产运营体系，进而造成了工程建造全过程的协同性不强、要素配置效率低下的问题，产业链上难以实现协同高效。

（2）大型建筑企业组织结构的优化方向

我国大型建筑企业的组织结构形成有其历史和背景，是长期的、多种复杂的因素决定的。企业的组织结构模式改革调整的方向和路径应当是系统性和全方位的。主要应朝着以下方向发展：业务战略与经营业态多元化、企业组织结构形态扁平化、工程建造方式一体化、总承包与分包模式专业化、企业运行管理信息系统平台化。

一是业务战略与经营业态多元化。业务战略是大型建筑企业长远发展的关键，是在激烈的国内外市场竞争中逐步成为国际化、现代化大型建筑企业集团的发展定位。在组织结构和业务战略的选择上，应本着"跨业多元化、同业一体化"的立体式经营发展战略思维和方法，进行总体构建和规划。

跨业多元化战略是指大型建筑企业在现有的核心业务领域上增加相关联的业务范围，这些新增加的业务能够充分利用企业现有的技术路线、营销渠道、资源配置等方面所具备的特殊能力和优势，比如投融资、绿色建筑、基础设施、装饰装修、城市运营等业务领域等。

同业一体化战略有两个层面问题。一个层面是指建筑企业依托核心业务的产业链向上游和下游扩展现有经营业务的一种发展战略。另一层面是指建筑企业所经营业务和关联业务的部门间、企业间在产业链上能够实现一体化运营、系统化集成、协同化高效的发展战略。一体化战略主要是明确了一体化经营发展目标，运用一体化的管理和整合能力，不断扩大和优化产业链上各环节的各种要素和需求，并且在技术和管理以及组织、协调等方面形成密切配合、有序实施和高效运营的管理模式。

二是企业组织结构形态扁平化。业务战略是大型建筑企业长远发展的关键，战略决定着组织结构，组织结构又抑制着战略，不适当的组织结构会阻碍战略的实施，战略的前导性和组织结构的滞后性决定了组织结构必须随着战略的改变而调整。因此，在企业业务战略具体实施前，必须要完成组织结构的调整和转换，使新组织结构与公司的战略相匹配。

企业组织结构形态扁平化是指企业组织内部依据企业发展战略目标和定位，建立了以企业核心能力为中心、以生产需求为导向的横向价值链和产业链，并将企业生产要素的纵向关系和运营管理流程，通过企业信息化管理平台的新功能，系统集成为纵横交错的协调互通关系，打通了企业纵向各部门之间的障碍和壁垒，使信息数据在组织内有效传递，提高了企业的要素高效协同配置能力，从而形成了扁平化组织结构形式。

大型建筑企业要打造扁平化企业组织结构，必须要压缩企业纵向管理层次，明确企业内部各层次分工，将资产管理和经营管理区分开来，资产管理层人员精简，管理考核科学简明。强化公司业务总部管理职能，充分授予经营层次经营自主权，激发其活力；提高企业的资本、技术、管理含量，形成以公司总部的资本、技术、管理要素支撑承包业务的基本格局，抑制外延、分散式的单项工程承包规模；通过企业内部组织结构调整，构造合理的专业结构和空间布局结构，在业务上打造优势、聚力、互补、专业的板块集合，使得企业的经营、业务特色更为突出，克服同一企业内同质化竞争的状况；运用信息化手段，加强经营层次的人财物等资源的战略调度和整合能力，以企业的管理、技术为灵魂拓展组织空间布局，形成大企业应有的资本、研发、一体化等优势。

三是工程建造方式一体化。工程建造方式一体化是指在工程建设项目建造活动中，建立以"建筑物"为最终产品的经营理念，明确工程项目一体化建造的目标，运用系统化思维和方法，通过设计主导使工程建设全过程、全方位、全系统地实现系统集成和协同高效的建造方式。

工程建造方式一体化既包含技术系统的一体化，也包含组织管理系统的一体化，同时也包含技术与管理一体化的协同和融合。技术系统一体化是对主体结构系统、外围护系统等的总体技术优化和多专业技术协同，具有系统化、集约化的显著特征；管理一体化并不是一般意义上设计、采购、施工环节的简单叠加，更不是"大包大揽"，而是与技术深度融合的创新性管理，具有独特的管理内涵。工程建造方式一体化充分体现了技术系统的协同性、建造过程的连续性、建造环节的集成化、工程管理的组织化。

四是总承包与分包模式专业化。工程总承包与分包模式专业化是指工程总承包企业在工程承包项目的组织、实施、协调和管理等方面具有独特的专业化的能力，并将其所承包工程中的专项工程发包给具有相应的专业资质的企业完成，从而使工程建设形成专业化分工协作的社会化大生产格局。

建立专业化分工和社会化协作机制是现代建筑产业体系的重要组成部分。随着现代建筑产业的不断发展，一些大型建筑企业会以工程总承包为核心业务，向综合性的产业集团方向发展；而另一些中小建筑企业会向专业化方向发展，成为建筑产业的专业化分包企业。

专业分包企业的存在价值是在某个分项或分部工程上具有独特的技术

优势和管理优势，能够弥补总承包企业在专业技术能力和资源方面的缺陷。为此，在发展过程中，一方面要积极引导鼓励大型建筑企业向工程总承包管理模式转型；另一方面要给中小专业分包企业创造良好的发展环境。政府及行业组织应为中小专业分包企业提供融资、培训、技术服务支持，引导中小建筑企业做专做特做优，促其规范健康发展。

五是企业运行管理信息系统平台化。企业运行管理信息系统平台化是指企业的生产运营管理形成了企业大数据下的各专业软件系统的集成管理平台，将企业的运营管理逻辑，通过信息化系统管理与信息互联技术的深度融合，实现企业数据全方位的互联互通，内部运营管理的信息共享，从而提高企业运营管理效率，进而提升社会生产力。

企业运行管理信息系统平台建设是新的生产力组织方式，是大型建筑企业运行机制管理的新功能，对于优化资源配置、整合管理要素、打通信息孤岛、促进跨界融合、提升企业核心能力、提高企业效率效益、推动产业升级都具有重要作用。实现企业运行管理信息化集成应用平台，应主要具备以下三个基本条件：

1）企业应具有以产业链为主线的一体化建造方式。在建造技术上要实现建筑、结构、机电、装修一体化；在运行管理上要实现设计、生产、施工一体化。在具备这样一体化、系统化流程的基础上，才能打通信息数据的孤岛，才能更好地运用信息化集成技术手段，实现运行管理平台的信息化。

2）企业应具备以成本管理为核心的综合项目管理体系。建设企业经营管理的主要对象是工程项目，工程项目是企业的利润来源，是企业赖以生存和发展的基础。企业信息化平台建设也必须把"着力点"放在工程项目的成本、效率和效益上，因为它是企业持续生存发展的必要条件。这就需要企业在项目上进行严格、科学、高效的管理，而企业管理信息化的过程就是通过信息互联技术的应用，使企业管理更加精细、更加科学、更加透明、更加高效的过程。

3）企业应具有以组织层级优化为目标的高效运营管控体系。企业管理信息化集成应用的关键在于"联"和"通"，联通的目的在于"用"。企业管理信息化集成应用平台就是把信息互联技术深度融合在企业管理的具体实践中，把企业管理的流程、体系、制度、机制等规范固化到信息共享平台上，从而实现全企业、多层级高效运营、有效管控的管理需求。

（3）大型建筑企业组织功能定位与管理模式

大型建筑企业建立科学合理的组织架构及其功能定位与管理模式，关系到企业的生存发展与长治久安，关系到企业运营管理的效率效益和发展质量。

1）集团总部的组织功能定位与管理模式

集团总部的功能定位是整个集团各管理层次功能定位的基础，许多大型企业所带来的管理混乱都是由于总部功能定位不清造成的。集团总部是企业集团的首脑和中枢，是企业集团的决策中心，其功能定位是否准确，对发挥企业集团整体优势、提高核心竞争能力有着决定性的作用。企业组织结构是否符合发展战略和行业特点的要求，集权与分权是否合理，主导权在集团总部。在结构调整和改制重组中，集团总部起着关键性作用。因此，对集团总部功能进行恰当定位是十分必要的。

①集团战略决策中心。组织编制集团中长期战略规划和专项规划，并明确所属各单位未来的业务方向和管理模式，动态掌握和定期评估公司总部和所属各单位的战略规划实施情况，组织开展战略质询，提出改进建议或意见，确保公司战略规划的有效执行；负责牵头研究制定新兴业务顶层设计和发展规划，明确业务定位、商业模式、发展路径，对于新兴业务载体公司顶层设计、资源注入、业务重组提出指导建议。

②投资与商务管控中心。负责集团投资管理体系建设，组织开展重点区域投资业务、投资环境研究分析；负责投资模式研究，促进投资业务投资模式创新。负责建立集团合同管理体系，制定集团合同管理制度；负责建立集团成本控制、采购管理体系，制定公司成本控制、采购管理等相关制度；建立健全集团法治建设体系，推进依法治企建设工作。

③市场营销管控中心。负责集团市场营销体系建设、市场研究；负责分析各区域建筑业发展状况和行业规划，研究相关区域、重点城市营销方案

和策略；负责由总部及所属各公司发起的重大营销项目具体落地，推动大项目营销。市场营销是集团生产运营的"特种部队"，兼具工程技术与市场能力，他们攻城略池，签下一个个单子才能保证企业的生存与发展。

④技术研发管理中心。负责建立集团科技管理体系，组织编制工程技术专项规划，建立健全工程技术管理体系、质量管理体系和制度流程。集团总部集中了企业的技术资源，总部确立技术标准，研发新型工法、专利，组织审核重点工程项目工程技术策划方案，组织围绕重、大、难、新工程项目开展工程技术攻关。

⑤工程设计协调管控中心。负责集团工程项目的规划设计运营管理和管理机制模式创新；负责工程设计系统的资源整合、管理和协调；负责工程项目涉及部门之间的技术协同，围绕"合、通、全"一体化策划工程项目，全过程跟踪管控设计工作。

⑥工程项目协调管控中心。建立健全工程质量与协调管理体系，优化要素资源配置；负责公司一体化建造管理体系及机制的建立并组织实施；协调公司各部门对项目履约全过程实施管理和服务；指导所属单位按照年度产值及项目进度计划实施并监管；指导、协调项目履约过程中遇到的问题和困难。

集团总部集中了各职能部门，包括投资、市场、技术研发、商务、工程管理、安全环保、材料采购、财务管理、人力资源、综合管理、法务与审计。总部每个部门直接管理子分公司相应部门，进而形成集团内部的技术与管理、市场与运营一体化协同高效的管理模式。

2）子公司的组织功能定位与管理模式

集团各子分公司定位于执行和项目管理，一般的子分公司主要定位于企业的预算执行中心、合同履约执行中心、项目管理中心。子分公司在取得相应资质以前，根据业务分工共享总部拿到的项目；待子分公司取得资质后，可以独立拓展市场、承接项目。

关于子分公司的定位也多有争议。建筑企业传统的管理模式，总部设有完整的职能部门，在子分公司也设置各类职能部门，子分公司相当于"二级总部"。这种方式造成了管理环节多，上下沟通信息传达准确率低，成本核算不规范，进而造成人员等生产要素的浪费和配置的不合理。同时，管理人员队伍的庞杂，压缩了项目生产人员的规模。

如果遵循"强总部、参与式"的管理模式，则需要尽可能压缩管理层级，横向增加管理幅度，实现扁平化管理，此时子分公司的定位就可以参考"项目式事业部"的模式。"项目式事业部"是相较传统事业部而言的，区别是由传统事业部内的职能部门，改为各职能部门的业务组。这样，无须在事业部设置部门，且无须常设岗位，由总部职能部门人员直接参与项目管理，达到精简结构、精简人员、有效管控项目的效果。

3）项目部的组织功能定位与管理模式

项目部定位于履约和控制成本，定位于企业的利润创造中心、成本控制中心、生产履约中心。在总部和子分公司的指导、监督、协调、服务下，按照计划完成生产、验收、交付等。子分公司职能部门人员直接参与项目管理，为员工们提供了更多的锻炼平台和升职空间，能够促进员工的迅速成长。

综上所述，建筑企业随着规模的扩大，总部作为企业管理的最核心组织，需要逐步承担起"指导、监督、协调、服务"的职责，通过资源的优化配置，业务、财务的一体化，管理流程的信息化，提升管理效率，实现对子分公司、项目部的有效管控。子分公司则随着资质、综合能力的不断提升，逐步承担起市场开发、项目管理这两大职能，加上项目部落实生产责任，实现良好的"产销"循环。

第 **3** 章

现代建筑企业工程总承包管理

3.1 工程总承包管理概述

3.2 工程总承包企业的运营管理

3.3 工程总承包的组织管理模式

进入新时代，新型建筑工业化已成为建筑业高质量发展的动力和前提。然而，建筑企业粗放式的管理模式，已成为工业化建造技术创新发展的桎梏，建筑产业传统的生产关系，已无法适应新型建筑工业化的发展要求。为此，走新型建筑工业化发展道路，必须要摆脱传统粗放式管理，要通过管理创新，建立适合新型工业化建造方式的集约高效的现代建筑企业管理模式。推行工程总承包管理模式，是推动新型建筑工业化、实现高质量发展的最佳途径。

3.1 工程总承包管理概述

3.1.1 工程总承包与总承包企业类型

1. 工程总承包概念

工程总承包是指承包单位按照与建设单位签订的合同，对工程设计、采购、施工或者设计、施工等阶段实行总承包，并对工程的质量、安全、工期和造价等全面负责的工程建设组织实施方式。工程总承包管理模式主要包括：EPC 模式、DB 模式、PC 模式等。

EPC（Engineering-Procurement-Construction）模式即设计、采购、施工总承包模式。在 EPC 模式下，业主提出工程项目可行性报告、初步设计方案、功能清单和技术策划要求，其余工作由总承包企业完成。总承包企业承担设计风险、成本风险、施工风险、不可预见的风险等。Engineering 不仅包括具体的设计工作，而且包括整个建设工程内容的总体策划以及整个建设工程实施组织管理的策划和具体工作；Procurement 也不是通常意义的建筑材料设备采购，而是包含成套专业机电设备和建筑工程所用材料、部品的采购；Construction 应理解为比施工更广义的"建设"，其内容包括施工、安装、试车、技术培训等。

EPC 是工程总承包的一种主要形式，包括工程建设的四个阶段：设计、采购、施工和试运行。目的是强化工程总承包企业在成本、质量、安全、费用和进度等方面单一主体的全面责任。为解决传统管理模式经常出现"投资超概、工期超时"的两超问题,实施过程经常发生难于分清责任的多方争端,严重影响项目实施效率,市场迫切需要采用单一的责任主体来对工程实施的工程成本、质量安全、进度控制、费用管理负总责,EPC 总承包模式应运而生。

DB(Design-Build)模式即设计、施工总承包模式。在 DB 模式下,业主具体负责采购,总承包企业按照业主提出的项目可行性报告、项目初步设计方案清单及技术策划要求,完成工程项目的设计、施工的建造全过程。西方和日本的建筑工程总承包大多采用 DB 模式,大型的建筑施工企业往往同时具备施工和设计能力,如日本的鹿岛建设株式会社,近 8000 名员工,其中做建筑设计的约占 1/10,主要从事施工图的设计及现场深化设计与协同工作。DB 模式与 EPC 模式的主要区别详见表 3-1。

DB 模式与 EPC 模式的主要区别　　　　　　　　　　　表 3-1

内容	DB 模式	EPC 模式
管理机制	承包商主动权小,材料设备采购受限	承包商主动权大,项目成本、进度可控
合同价格	总价合同,但存在诸多可调内容	总价合同,相对固定、造价可控
风险控制	业主承担较多风险,当约定的风险发生后,合同价可调整	承包商承担项目的所有风险,只有发生极特殊客观风险时,才可调整
工程设计	承包商承担部分设计工作,并要求设计内容符合业主编制的设计方案与功能、技术要求	承包商承担全部或部分设计工作,业主仅提出项目概念性和功能性要求或初步设计方案
适用范围	适用于系统技术设备相对简单,以土建工程为主的项目	适用于技术设备集成度高、规模较大的工业项目,以及技术复杂的大型公共建筑项目

2. 工程总承包企业类型

目前能够从事工程总承包业务的企业,主要是具备大型综合设计、施工能力的企业,大致可以归纳为以下几类:

(1)依靠设备制造能力从事工程总承包业务。中国这一模式的杰出代表是华为这类的通信企业,华为在人们不太关注的情况下,承接了大量通信工程总包业务,其依靠的就是在设备方面的杰出能力,同样利用这一优势的还包括电气设备制造商、高铁设备制造商，比如中国中车最新的战略就把建筑业作为其第二主业。

（2）依靠生产工艺能力从事工程总承包业务。化工行业的设计院很早进入工程总承包业务领域，也较早地转型为工程公司，他们在技术、新工艺、关键部件的设计制造上都有优势，而工业领域的总承包模式从化工设计院起步，逐步从化工行业延伸到电力、冶金、电子、医药、轻工、造船等诸多行业，工业门类的设计院都在内部布局总承包业务，也承接了相当体量的总承包项目。

（3）依靠房屋建造技术与管理能力从事总承包业务。目前大多数从事房屋建设类企业没有设备制造能力，缺乏设计协同能力，没有生产工艺等技术能力。要从事工程总承包业务，就必须整合并提升这些能力，企业必须要掌握核心建造技术和与其相适应的组织管理体系，并形成强有力的设计与协同能力，才能真正发挥工程总承包作用并产生效益。

3. 工程总承包企业应具备的功能

大型建筑企业向工程总承包企业转型，必须要具备并增强融资功能、设计功能和咨询服务功能。

融资功能：开展工程总承包业务，特别是承揽大型或国际工程，需要企业具备很强的融资能力。企业的自有资金往往难以满足大型工程建设项目带资承包的需要。因此，企业如何建立宽泛的融资渠道成为开展工程总承包业务的重要条件之一。

设计功能：目前在大型建筑企业的传统组织结构中，建筑设计与施工建造相分离的现状具有普遍性。然而，从工程总承包的运营管理内涵看，如果没有相应的设计主导和设计能力，就没有真正意义的工程总承包模式，设计必须要贯穿工程建造的全过程并要起到主导作用，才能切实保证总承包项目的质量、效率和效益。

服务功能：工程建设项目是一种周期长、耗资大、涉及面广的固定资产投资活动。业主前期需要做大量的可行性研究和策划，由于大多数投资方缺乏项目的实施经验，常常需要工程总承包企业协助完成项目的可行性分析。因此，工程总承包企业通过增强咨询服务功能可以尽早参与项目实施，并能够提供有效承揽承包业务的先机。另外，通过增强咨询服务功能可以推动企业的业务模式由项目具体实施向项目管理角色的转换，也是建筑企业转型升级实现产业高级化的客观需求。

3.1.2 工程总承包的特点与优势

1. 工程总承包管理具备的特点

（1）责任主体明确。业主与总承包企业签订合同，总承包企业负责项目的全过程工作，总承包企业可将部分工作委托给专业工程承包企业，专业工程承包企业对总承包企业负责，工作指令明确，责任界面清晰。

（2）整体效益最大化。工程总承包是一种以向业主交付最终产品服务为目的，按照"一口价、交钥匙"的总承包方式，对整个项目实行整体策划、全面部署、协调运营的系统承包体系，承担项目的大部分风险，同时也获得了工程项目整体效益的最大化。

（3）项目系统全面控制。工程总承包企业全面负责项目的设计、采购、施工各环节，处于项目的核心领导地位。工程总承包企业通过以设计为主导，使得设计、采购、施工的工作深度贯通，切实保证各参与方信息沟通、协调配合，由此缩短项目工期，提高项目管理效率，整体控制项目总成本。

2. 工程总承包项目的本质条件

对于工程总承包项目来说，单一责任主体、固定承包总价、设计主导项目、各方协同高效，是工程总承包的四个本质条件和要求。离开了这四个本质条件，将会失去工程总承包项目的价值和实际意义。

（1）单一责任主体。是指在项目发包合同中明确指定一个承包方的主体责任地位。由此，能够充分体现工程总承包企业对工程质量、进度、安全负总责，可以有效避免因利益冲突导致推诿扯皮，影响工程总承包合同的有效实施。

（2）固定承包总价。工程总承包项目的合同价格必须相对固定，否则就失去"总承包"的意义。

（3）设计主导项目。设计是工程总承包项目的灵魂，没有设计主导的工程总承包，将无法完全理解和实现业主意图，导致项目难以实现技术集成、资源优化、系统整合、成本精益。

（4）各方协同高效。工程总承包不是设计、采购、施工的简单叠加，而是三者利益的高度统一并深度融合，在企业内部通过系统集成，形成统一的组织管理体系，进而实现工程项目建造过程的协同高效，真正发挥工程总承包的特定作用与优势。

3. 工程总承包的主要优势

采用工程总承包管理模式，可以有效地建立先进的技术体系和高效的管理体系，打通建筑产业链之间的壁垒，解决设计、生产、施工一体化问题，解决设计、采购、施工相互脱节问题；可以保证工程建设高度组织化，降低先期成本提高问题，实现资源优化、整体效益最大化，这也与新型建筑工业化发展要求与目的不谋而合，具有一举多得之效。主要优势具体体现在：

（1）规模优势。通过采用工程总承包管理模式，可以使企业实现规模化发展，逐步做大做强，并具备和掌握与工程规模相适应的条件及能力。

（2）技术优势。采用工程总承包管理模式，可进一步激发企业创新能力，促进研发并拥有核心技术和产品，由此提升企业的核心能力，为企业赢得更好利润。

（3）管理优势。采用工程总承包管理模式，可形成企业具有自己特色的管理模式，把企业的主动性充分发挥出来。

（4）产业链优势。通过工程总承包模式，可以整合优化整个产业链上的资源，解决设计、采购、施工一体化问题。

4. 工程总承包的主要作用

（1）节约工期。通过设计单位与施工单位协调配合，分阶段设计，使施工进度大大提升。比如：深基坑施工与建筑施工图设计交叉同步；装修阶段可提前介入、穿插作业等。

（2）成本可控。工程总承包管理是全过程管控。工程造价控制融入了设计环节，注重设计的可施工性，减少变更带来的索赔，最大程度地保证成本可控。

（3）责任明确。采用工程总承包管理模式使工程质量责任主体清晰明确，避免职责不清。尤其是可以保证施工图最大限度减少设计文件的错、漏、碰、缺。

（4）管理简化。在工程项目实施的设计管理、造价管理、商务协调、材料采购、项目管理及财务税制等方面，统一在一个企业团队管理，便于协调，避免相互扯皮。

（5）降低风险。通过采用 EPC 工程总承包管理，避免了不良企业挂靠中标，以及项目实施中的大量索赔等后期管理问题。尤其是杜绝"低价中标，高价结算"的风险隐患。

3.1.3　工程总承包的发展状况

1. 国际工程总承包管理的发展现状

工程总承包管理模式最早出现在美国，20 世纪 60 年代，美国建筑企业业务范围逐步从房屋建设领域拓展到基础建设领域，1987 年美国服务管理署出版了第一个正式的工程总承包合同范本。之后，英国、日本等发达国家也开始从事大型工程项目的总承包业务，并在全球特别是发展中国家的基础设施建设项目中开展 EPC 等工程总承包业务。目前国际工程总承包业务发展现状如下：

（1）国际工程总承包发展现状

目前全球工程总承包商规模增速放缓，近几年整体营业收入开始下滑，但是，2022 年有所提升。2020 年下降 11%；2021 年全球承包商 250 强企业的国际新签合同总额为 5204 亿美元，同比上年下降 17%，合计国际营业总额为 4204 亿美元，同比上年下降 11.1%，国际整个工程总承包业务陷入低谷；2022 年，250 家上榜企业的国际新签合同总额为 5872 亿美元，较 2021 年增长 7.3%；国际营业总额为 4285 亿美元，较 2021 年增长 7.7%。在近两年连续上榜的 237 家企业中，65% 的上榜企业国际营业额有所提升。

从工程总承包市场结构来看，无论是公司数量，还是这些公司所占的市场份额，发达国家的国际建筑工程总承包市场都占有优势，其中尤其以美国、加拿大、欧洲和日本为盛。从国家分布来看，中国共计有81家企业入围ENR国际工程承包商250强，上榜企业数量继续蝉联各国榜首。其次土耳其以40家上榜企业位居榜单第二，美国以39家上榜企业排在榜单第三，意大利和韩国并列第四位（12家）。

从专业业务领域来看，交通运输建设仍是业务规模最大的领域，上榜企业在该领域营业额合计1425.8亿美元（占营业总额的33.3%）；其次是房屋建筑领域，上榜企业的营业额合计918.3亿美元（占营业总额的21.4%）；石油化工领域位居第三位，上榜企业的营业额合计569.4亿美元（占营业总额的13.3%）；电力工程领域，上榜企业的营业额合计450.7亿美元（占营业总额的10.5%），上述四个领域营业额合计占比78.5%。在各专业业务领域排名前10强榜单中，除通信工程领域外，均有中国企业入围。

（2）国际工程总承包市场的特征

国际工程总承包的范围早已超出过去单纯的工程施工和安装，延伸到投资规划、工程设计、国际咨询、采购、技术贸易、劳务合作、人员培训、指导使用、项目运营维护等涉及项目的全过程。具体特征如下：

一是以总承包能力基础培育企业价值链增值点。近几十年以来，国际总承包市场中以EPC工程总承包为代表的一系列总承包商模式逐步推广应用，这种承包方式将建筑企业的利润源从施工承包环节扩展到包括设计、采购和验收调试等在内的工程全过程，能够快速胜任这种承包模式的企业获得了有利的竞争地位。越来越多的建筑企业经过国际市场上的竞争磨炼开始形成一定的总承包能力，并在此基础上进一步培育企业价值链的增值点，全方位寻求扩大利润空间的经营方式。

二是以现代信息与数字技术改变项目管理模式。现代信息与数字化技术在国际建筑行业前所未有地迅猛发展，一些国际总承包商早已采用德国的SAP、ERP信息系统平台开展总承包业务，不仅深刻影响了人们的生活和工作方式，而且对陈旧落后的经营观念、僵化臃肿的组织体制、粗放迟钝的管理流程等企业经营管理的各个方面进行了深刻的变革。信息技术和数字化技术的广泛应用不仅改变着建筑业整个行业的体制和机制，而且也改变着建筑产品生产的组织模式、管理思想、管理方法和管理手段。建筑业正在经历一场科技革命与产业变革，信息和数字化技术是推动这场革命的主要力量之一。

三是以总承包能力提升国际市场的主导地位。随着建筑技术的提高和项目管理的日益完善，国际建筑工程的业主越来越关注承包商能否提供更广泛的服务能力。以往对工程某个环节的单一承包方式被越来越多的综合承包所取代，EPC 工程总承包成为主流模式之一。此外，对于公路、水利等大型公共工程项目，BOT 模式、BOOT 模式等工程承包方式也因其资金和收益方面的特征，越来越引起国际上业主和承包商的兴趣，成为国际工程总承包中主导的方式。

四是以工程总承包的投资带动作用日益增强。在国际工程总承包业务经营发展中，一方面，在海外投资有利于经营国际承包业务的公司渗透到当地市场，承揽当地没有在国际市场公开招标的项目；另一方面，在竞争激烈的国际市场，尤其是在国内资金短缺的发展中国家，资金实力成为影响企业竞争力的重要因素。因此，承包商跨国经营的战略期望和资金紧缺项目的采购模式为带资承包创造了市场需求。

2. 我国工程总承包管理的发展历程

工程总承包是国际通行的工程项目组织实施方式，我国工程总承包发展从 20 世纪 80 年代初开始，距今已经 40 多年，大体经历了三个阶段：

（1）设计单位发展阶段（1982～2002 年）：20 世纪 80 年代初，原化工部在设计单位率先探索推动工程总承包。1987 年 4 月 20 日，原国家计委等四部门印发《关于设计单位进行工程建设总承包试点有关问题的通知》。1992 年 11 月，在试点的基础上，建设部颁布实施了《设计单位进行工程总承包资料管理的有关规定》，自 1993～1996 年，建设部先后批准 560 余家设计单位取得甲级工程总承包资格证书。

（2）规范发展阶段（2003～2015 年）：2003 年 2 月 13 日，建设部印发《关于培育发展工程总承包和工程项目管理企业的指导意见》（建市〔2003〕

30号），取消了勘察设计企业的工程总承包资质，鼓励勘察、设计和施工企业，在具有总承包资质等级许可的工程范围内开展工程总承包业务。进而鼓励勘察、设计和施工企业，通过改造和重组，建立与工程总承包业务相适应的组织机构、项目管理体系，发展成为具有设计、采购、施工综合功能的工程总承包公司。2011年9月，住房和城乡建设部、国家工商行政管理总局联合印发了《建设项目工程总承包合同示范文本（试行）》。

（3）全面发展阶段（2016年至今）：2016年2月6日，中共中央、国务院发布了《关于进一步加强城市规划建设管理工作的若干意见》，明确提出"深化建设项目组织实施方式改革，推广工程总承包制"。2016年5月20日，住房和城乡建设部印发了《关于进一步推进工程总承包发展的若干意见》，对工程总承包项目的发包阶段、企业选择、项目分包、项目监管等作出了相应规定。2017年2月21日，国务院办公厅印发了《关于促进建筑业持续健康发展的意见》，提出"加快推行工程总承包"和"培育全过程工程咨询"。2019年12月23日，住房和城乡建设部发布了《房屋建筑和市政基础设施项目工程总承包管理办法》，进一步明确了工程总承包的基本概念、项目发包和承包方式、项目组织实施方式。

3. 我国工程总承包的发展现状与问题

目前，我国工程总承包管理在工业领域的大型工程项目建设中早已普遍应用，企业总承包能力和管理机制相对比较成熟。但是，在房屋建设领域尚处在发展的初级阶段，主要表现在以下方面：

一是对工程总承包的思路和内涵不清。大多数房屋建设企业将工程总承包的组织实施方式，仍简单理解为工程项目的承包方式。在工程项目承包运营管理上，采取临时"拼凑"的组织方式，多采用设计施工联合体模式，运用施工总承包的管理方式开展工程总承包业务，将设计、采购、施工分解为三个不同专业主体。在设计与施工联合体模式下，由于各自企业制度和文化的差异，在承包项目实践中，对项目理解认识不同、利益目标不同，导致生产活动的理念、组织、技术和管理难以融合与协同，最终导致设计与施工"两张皮"，甚至出现了联合体双方"分裂"的情况。其根本原因是总承包企业没有按照工程总承包的管理逻辑，建立并完善相适应的组织结构，没有将工程总承包作为企业核心业务，沉下心来夯基垒台，真正打造工程总承包实力。

二是对推行工程总承包的认识不到位。发展初期，部分房屋建筑企业在承包的工程项目中即使采用工程总承包管理模式，依然是"穿新鞋走旧路"，由于设计单位由业主指定，承包合同对各方责任与义务界定不清晰，在没有合理的利益共享的合作机制下，设计单位完成设计后与施工单位的沟通联动、协同配合的意愿较低，导致项目概算、工期、质量等控制不达标，设计与施工方相互"扯皮"，甚至出现向业主索赔现象。其根本原因是房屋建筑企业对工程总承包业务缺乏全面认识，缺少改革创新的勇气和决心，传统路径的依赖性强。虽然走老路是最保险、最安全的，因为前人是这么做的，后人跟着走，不承担责任，也回避了走新路的风险，但是旧的技术、利益、观念、机制等都顽固地存在保守性和强大的惯性。

三是企业工程总承包的核心能力不强。目前，建筑企业在工程设计（E）方面非常薄弱，即使内部有成熟的设计机构，但由于企业内部独立核算、经营管理分开等诸多因素，很难有效整合企业内部资源。在采购环节（P）更是薄弱，对建筑材料、成套机电设备采购缺乏专业人才和高效管理机制；尤其是在工程项目管理实践中缺乏对设计、采购和施工等环节的深度融合，难以形成协同高效的运营管理机制，在经营理念、组织结构、核心技术和协同能力方面都严重滞后。一个合格的工程总承包企业，不仅需要有完善的内部制度流程、组织架构作支撑，同时还需要具备法务、商务、设计、施工管理等部门的协同配合能力。

四是熟悉工程总承包的人才严重匮缺。推行工程总承包管理模式，需要懂项目管理、懂技术、懂采购、懂法律、懂财务控制的复合型人才，目前房屋建筑企业普遍缺乏此类人才。另外，建筑企业内部管理比较松散，呈"碎片化"管理，由此造成企业缺失懂技术、会管理的复合型人才。甚至一些具有特级资质的建筑企业，其总部协同管控能力也非常薄弱，其总部往往难以实现对项目总体控制、设计协同、统一采购、施工管理等方面的有效管控，更谈不上按照国际建筑工程公司的扁平化矩阵式组织结构运行。

五是业主不熟悉如何对总承包项目发包。工程总承包项目在项目前期需要业主做出详细的规划方案，提出明确的项目清单，以及具体的总包报价。但是项目发包方受传统体制机制的制约，技术和管理能力有限，难以给出项目的预期目标、功能要求以及设计标准，甚至无法提供详细的规划设计方案和项目清单。特别在工程项目发包过程中，涉及招标投标、资质管理、审图制度、造价定额、施工监理、竣工验收等主体责任范围都将发生变化或移位，与之相适应的体制机制还不够完善，这些因素必然会影响业主方推行工程总承包模式的积极性和主动性。

六是相关合同计价与招标法规不规范。目前，国内政府投资项目和国有资金投资项目计价模式基本采用定额降幅或模拟清单模式，总价合同屈指可数。建设单位在招标准备阶段未能对拟建项目的"发包人要求"进行详细约定。在非总价合同模式下，不仅会导致项目投资失控原因无法追溯，阻碍项目进度、影响工程品质，还会使整个建设过程持续存在争议，最终引发对工程总承包模式的诟病。此外，在定额降幅和模拟清单模式下，设计、施工的融合并无压力和动力，加剧了"两张皮"现象。由于招标前期，发包方对项目的建筑功能、需求、标准、方案不确定，招标文件要求编制深度不够，项目中标后承包方对方案进行反复修改，从而导致投资成本增加，不仅加大了发承包双方的风险，同时也给工程总承包模式成功运行带来障碍。

3.2　工程总承包企业的运营管理

3.2.1　工程总承包的设计管理

工程总承包项目是一个以设计为主导的系统工程，设计是灵魂，设计贯穿工程总承包的全过程，是保证质量、缩短工期和降低成本的有力保障。要通过建筑师对建造全过程的控制，进而实现工程建造的标准化、一体化、工业化和高度组织化。设计机构的设置是工程总承包组织管理的重要组成部分，其设计与管理能力和水平直接影响工程项目的质量、效率和效益。工程总承包模式的本质是打通设计与技术、采购、生产、施工等要素之间的融合与协同，实现工程项目全过程建造的效率和效益提升。

1. 工程总承包设计管理的特点

工程总承包的设计管理与通常建筑工程设计工作相比，在工作内容、方式方法上有较大的区别。通常建筑工程设计工作相对单一，完成本专业的图纸设计，基本上就完成了设计任务。而工程总承包不仅有图纸设计也包括设计管理，是一个具有统筹性和主导性的工作，要强调和充分发挥设计在整个工程建设过程中的协调和主导作用，并具有以下特点：

（1）协调部门多、协调难度大。设计人员不仅需要完成设计任务，而且还需要与设计院、业主、监理或咨询方、施工、政府部门等多方协调，对各方需求进行统筹协调管理。

（2）全过程管控、管理周期长。设计管理是整个项目全过程管理，除了方案设计、初步设计与施工图设计外，还包含项目前期的建议书与可研，后续的项目计划、招标采购、实施控制及试运行等阶段的管理协同与指导，跨越阶段长，全过程的设计管理需要完整的管理架构和管理体系来实现。

（3）专业复合性强、系统性要求高。工程总承包最重要的特点是设计对施工和采购具有较强的指导意义，设计管理需要深度考虑采购需求、现场施工需求，能够有效克服设计、采购、施工相互脱节问题，有利于各阶段工作的合理衔接，有效地控制项目计划进度、成本和质量，能够确保整体效率效益最大化。

2. 工程总承包设计运营管理要点

（1）建立完善的组织架构和运营机制。企业在工程总承包模式下，不仅需要提升工程设计能力，同时要加强设计管理机制的建设，明晰设计机构定位、完善业务协同机制，进而提升总承包企业的设计管理能力。对设计机构的设置应注重两个方面：一方面是设计生产，另一方面是设计管理，一个是运动员，另一个是裁判员。如果定位不清，则很难明确相应的责任权利，很难与企业其他业务部门协同联动，及时匹配企业资源，融入企业的整个工程总承包管理。设计机构的运营管理主要有以下两种方式：

一是管运结合。在总承包企业总部设立独立核算的设计院，设计院与企业总承包业务在产业链上形成协同合作，赋予一定的设计管理职能，同时要明确工作任务、责任界面和激励机制，具体负责总承包项目的设计生产出图，参与项目部的设计管理工作。这种方式的特点是设计院的人才资源集中，便于调配服务于企业内部不同责任主体的总承包项目，设计出图的标准和质量较为统一。其不足之处在于，设计工作开展时相对独立性强，容易脱离企业的商务、科研、生产、施工等环节，处理不好就无法融合，难以实现设计与建造活动一体化协同。

二是管运分离。在企业总部成立专门设计管理机构，主要是代表集团总部行使"管"的职能，其职能包括：设计体系的运营管理、资源调配、制度建设、业绩考核等工作。其"运"的职能，交由总承包项目管理的主体责任单位（分公司等）负责，主体责任单位对工程项目设计工作享有管控权利并承担责任。这种方式的优点是在企业总部层面设计管理机构定位准确明晰，明确是设计业务的管理机构，与技术、商务、生产、施工等管理部门相互协同，建立企业管理体系和运营机制，便于指导全公司总承包项目设计、技术、商务、生产、施工等要素的融合。不足之处在于，相对于管运结合的方式，设计资源相对分散，协调部门多、难度大，管理周期长、系统性要求高，尤其是在全公司层面的设计资源调配、设计价值认定归属和绩效考核等工作管理难度较大。

两种不同的设计管理与协同机制有其各自的优势和不足，应根据企业特点和需求合理确定设计的运营管理方式。但关键在于如何制定好设计价值的认定和取费机制，通过建立一系列制度引导形成目标一致、相互融合的协同机制，引导设计人员和其他生产要素人员为项目的总体效益服务，绩效待遇与项目总体效益相挂钩，激发设计人员设计潜能，增强设计管理意识，促进或倒逼项目全要素人员为工程总承包项目的总体目标和整体效益服务，实现效益最大化。

（2）明确各阶段的设计管理工作。工程总承包模式下的设计管理需要全过程对设计进行管控。具体阶段的设计管理工作如下：

一是在项目策划阶段，设计主导并贯通全过程的关键在于前期策划，策划工作需要全生产要素的参与，强化各建造要素在设计源头介入。设计之前，必有策划，设计之后，必有评审。上一阶段的评审意见转化为下一阶段的策划要求，层层递进，让设计的目标和成果始终体现着成本要素、技术要素、生产要素、工期要素的共同诉求和意志。各建造要素要打破业务壁垒，做到全产业融合、全要素集成、全系统贯通、全过程管理。

二是在项目准备阶段，需明确企业内部参与各方的责权利。特别是将设计标准、功能或工艺考核要求作为关键控制点，确保设计文件响应业主要求的符合性和有效性。其次，在设计成本控制方面需制定限额设计目标，要求设计院以最高限额工程量清单进行限额设计，限额设计是工程建设项目投资控制、技术与功能控制系统中的一个重要环节，也是项目投资控制过程中的一项关键措施。在工程项目整个设计过程中，设计师要与技术、采购、商务管理人员密切配合，做到设计与技术、采购、商务的融合。对于因设计原因导致成本超支的，应给予相应惩罚。

三是在项目履约阶段，施工单位需重点把控设计质量，做好设计文件的审查工作。总包牵头方可以通过建立 EPC 信息管理平台，将设计审图流程嵌入项目管理系统中，使得施工单位全程参与设计文件的审查，方便参与各方的过程管理。同时，现场还需配备专门的设计管理协调人员，做好设计的服务管理，并做好实施过程中的设计优化。在设计进度方面，设计方应与施工管理方明确各设计成果的时间节点，并由设计负责人负责整个项目期的协调控制与进度管理。

四是在项目收尾阶段，项目部应组织设计方验证调试各项参数是否符合设计要求，确认项目建设各项内容已完成并达到预定设计和规范标准要求，以保证最终建设成果符合业主需求。

3.2.2　工程总承包的商务管理

企业商务管理体现的价值主要有三个方面：第一，维护并不断开拓更优秀的客户资源；第二，达到并实现合理的利润指标；第三，规避和防范各种经济风险。这三个方面的价值体现是企业核心竞争力的重要内容。因此，企业商务管理工作的价值直接决定和影响着企业核心竞争能力。同样，对于工程总承包企业的商务管理能力，决定了总承包项目的经济管理水平，也决定了工程总承包项目的进度、质量和效益。

1. 工程总承包商务管理的特点

工程总承包企业的商务管理工作贯穿于项目管理全过程，不同于某一单项业务管理工作，其主要特点是：

一是贯穿全过程，覆盖全要素。工程总承包企业的商务管理具有全过程管理、综合性管理、复杂性管理、数据化管理、凭证化管理等特点。也就是说，做好商务管理，要抓全员、全过程管理，并且要处理各种复杂关系、复杂矛盾，同时项目整个运营过程需要数据真实，靠数据说话，最后各项工作开展，都要落实到法律的凭证上，只有这样才能确保企业管理的效率效益实现。

二是项目管理前置，全局视角管控。从项目的建设投资全过程来看，传统施工企业的经济核算轨迹是施工图预算、合同价格、工程结算，而工程总承包则将经济职能前置扩大到设计概算甚至投资估算的范畴。投资估算及设计概算阶段的策划空间较大，所以在进行总承包项目的商务管理时应该做到整体思路的转换，从传统施工策划中心转移到方案设计及招采阶段，既站在业主的角度对整个项目进行全盘考虑及研究，从控制成本、规避风险的角度出发，具有前瞻性、大局观，同时又要站在施工的角度，在满足整体成本受控的前提下，通过详细的经济性对比反向调整设计思路，逐步合理化使用限额指标，在投资限额以内使项目的价值最优。

三是底线思维管控，风险化解谈判。商务谈判是商务管理工作的重要环节，大量商务管理工作需要通过与业主方进行谈判才能达成交易。商务谈判不是单纯追求自身利益需要的过程，而是双方通过不断调整各自的需求、化解各自风险，而相互妥协、接近对方的需求，最终达成一致意见的过程。在总承包项目谈判过程中，必须要判断是否突破了公司规定的营销底线，如果项目承包合同条款触碰公司营销立项底线，谈判不能化解，原则上应停止谈判。一般来说，商务谈判的过程周期长、责任重、压力大，对于谈判者必须要认真谨慎、讲策略、注方式，做好事前准备，明确期望水平，包括技术要求、验收标准和方法、价格水平等。

2. 工程总承包商务运营管理要点

工程总承包企业的商务运营管理一般包括：招标投标管理、风险管理、商务谈判、合同管理（履约、变更、索赔、争议）等工作事项。商务管理要改变传统施工总包的视角看项目实施，需要从工程总承包的视角全局性地看商务工作的运营管理。

一是建立商务运营管理体系。建立商务运营管理体系不但能决定企业综合管理水平，还能直接影响到对以往问题的化解和处理，同时决定着企业的核心竞争能力。因此，企业对商务管理应高要求，重点应该抓好体系建设。特别要抓好四大体系建设：责任体系的建立及运营、资源体系的建立及运营、数据体系的建立及运营、策略体系的建立及运用。按照商务管理工作的要求，体系是否真正发挥作用，具体体现在六个管控力，即：客户管控力、资源管控力、过程管控力、结果管控力、结算管控力、风险管控力。

二是建立商务、设计联动工作机制。健全设计全过程的成本控制体系和措施，商务系统要具备在方案设计、扩初设计、施工图设计等不同阶段的成本测算控制能力，给设计提出系统性、针对性、全覆盖的限额指标要求，由平方米限额要求转变为不同设计专业系统项、量、价的细化限额要求，由要求设计控制成本，转变为通过设计控制成本。商务系统需要建立好项目全系统、全专业、全过程的成本构成体系，判定好风险点、盈亏点、利润点，为设计明确好创效基准线、创效方向和目标，提升设计创效的性价比。通过商务和设计融合提升，才能让限额设计、设计创效成为逻辑清晰、层次分明、步骤明确的工作措施。

三是用底线思维管控项目营销管理。工程总承包企业要建立总承包合同签约质量管控的基本要求，明确项目营销签约底线、禁止承接项目清单、重大风险防控条款等管理防线。在总承包项目谈判、签约营销过程中原则上规定，禁止承接项目突破营销底线，如果项目承包合同条款触碰公司营销立项底线，必须在招标投标阶段予以优化或停止营销。比如：违反国家法律法规、业主方存在债务违约或失信等行为、承接项目效益率较低、垫资额度较高、非现金支付超过合同额 15% 等。同时要制定重大风险合同条款要求，不得触碰项目的有关规定，比如：承接项目效益亏损无法扭转、非现金支付、现金担保、放弃优先受偿权、结算时限超 6 个月或未约定、项目工期质量罚款无上限、主材人工均不调差、无停（缓）建权（索赔权）等项目要求不得触碰并明确具体化解措施。

3.2.3 工程总承包的采购管理

EPC 工程总承包模式下，总承包项目的工程设计、采购和施工之间存在较强的逻辑关系，对采购环节提出更高要求，采购管理活动具有较强的经验性、系统性和协调性，涉及所需采购产品的类型特点、技术要求、供应条件、市场变化和价格等多重因素，其采购的工作效率和管理水平直接影响到项目的成本、进度和质量控制。

1. 工程总承包采购管理的特点

EPC 工程总承包的采购管理与传统施工总承包的采购方式有很大不同。EPC 工程总承包的采购管理在设计与施工的衔接过程中具有承上启下的作用，工程项目所用的材料、产品、设备和技术等的供货质量和效率直接影响总包项目的目标控制，包括成本控制、进度控制和质量控制，并具有以下特点：

一是采购内容繁多、合同管理复杂。EPC 工程总承包的采购属于有形采购范畴，至少包括机械、设备、仪器仪表、建筑材料（包括钢筋、水泥等）及其相关的服务。采购内容繁多，系统性要求高，采购时间统筹多变，合同管理相对复杂。EPC 工程总承包采购管理的重要性、复杂性、动态性远远高于一般制造业采购要求,相应的合同管理复杂多变,合同履约管控难度大。由于大型复杂的工程项目要涉及上百家供应商,合同控制主要在供应商的制造工厂和供应过程,合同控制地点分布范围广,供应过程不确定的因素多,这些特殊环境和不确定因素对采购合同管理提出了较高要求。任何一个供应商的采购合同出现履约不及时或质量、进度问题,都会对整个工程项目产生重大影响。

二是造价占比较大、影响成本因素多。采购是 EPC 模式下项目管理的重要构成,对采购成本进行严格控制,是实现整个项目"降本增效"管理目标的一项重要内容。大多数工程总承包项目的物资采购支出一般要占项目造价的 60% 以上,总承包项目的成本几乎大部分要通过采购支付出去。因此,采购过程是降低项目成本的最重要途径之一。每一项采购活动都受到采购标的市场供求、合规监管要求、买方议价能力、卖方议价能力、采购标的标准化程度、采购信息对称程度等因素影响。

三是技术系统性强、专业程度要求高。几乎所有需要采购的材料、成套机电设备都是技术的载体,货物的比较和竞争其背后是技术竞争,采购的价格也是技术使用价值的表现形式之一。因此,采购管理不是一般意义上"采买",而是在保证货物进度、质量、价格前提下,完成在一定技术系统条件下所需要处理的多维标准和多种接口,应具有强有力的设计支撑和专业技术支撑,需要提前进行和前置采购策划。工程总承包单位拥有更多的采购主动权,在创效驱动下,将经常面临在材料和成套机电设备功能相同、技术参数相同情况下比较品牌、工艺、产地、质量等因素进行择优采购的问题,即技术经济比较采购。这种比较采购与建筑工程的质量标准、功能标准息息相关,是控制采购成本的一种重要方法。

2. 工程总承包采购运营管理要点

一是推行限额采购方式。一般而言,工程项目 60% 以上的成本在采购阶段形成,总承包企业的利润主要依赖于采购成本控制,因此其对采购成本控制需求尤为强烈,限额采购是成本控制的有效途径。在工程总承包限额设计条件下的采购即限额采购,建筑作为"产品"通过限额设计,将输出限定技术、功能和造价限制的物料、机电设备清单，作为企业采购工程师需要在限定技术、功能和造价限制下进行经济技术比较、按质按量按价采购，并对采购全过程进行管理，即限额采购管理。限额采购管理根据输出限定技术、功能和造价限制的物料、机电设备清单，从供料规格名册入手，选择符合的供应商范围，进行价格竞争比选，实现采购有降低率，最大限度防止超过造价限制。工程项目如果没有进行限额设计，或者限额设计的限制条件没能传递到采购部门，往往出现设计与采购脱节问题。同时，限额设计源于物料技术、功能和造价成本数据库支持，该数据库也应该支持限额采购，即两者使用同一个数据库，才能够实现限额设计与限额采购一体化。限额采购管理是工程总承包企业采购管理的基本要求。

二是建立设计与采购同步工作机制。在EPC工程总承包模式下，企业需要建立设计与采购同步工作的协同机制，也是实现"限额设计"的主要路径。采购管理工作要前置，招采部门需要打破传统图纸条件下的清单模式，实现设计选型阶段或建筑功能技术要求条件下的招标采购工作。采购管理要协同设计管理工作，积极配合前期的设计与专项技术方案、清单核价等工作，梳理各类型项目的接口清单和工序穿插内容，明确施工界面范围，建立不同类型工程界面库，与设计同步进行优选材料，设定设备的规格型号、技术参数、采购价格等，并对设计所需物质进行性价比和可施性分析。设计环节确定项目相关设计图纸、技术工艺方案，为采购环节提供采购工程量清单、技术标准、图纸等；采购环节为设计提供市场、价格、技术参数等信息，并为施工安装环节提供必要的技术条件；采购在设计、施工之间发挥承上启下的作用，同时也受到设计、施工两个环节的约束，相互协同配合。

三是建立采购管理制度与专业化团队。建立针对EPC工程总承包项目的采购制度，对采购模式（集中采购/分散采购/零星采购）和采购程序予以明确，同时要明确各层级（总部/二、三级单位/项目部）的采购管理职责界面，规定相关工作要求。建立采购管理的专业化常设机构，培养精通各类机电设备、材料部品采购业务，具备发标、评标与合同谈判能力的采购工程师，完善资源信息收集，及时沉淀不同分供方、设备数据信息，持续满足项目多样化招采需求。通过采购管理制度和专业化团队建设，能够有效应对总承包项目采购工作周期紧、业主要求严、管理风险大的特点，切实保证采购管理高效率和高质量。

四是建立集中采购模式。集中采购就是指同一企业内部或同一企业集团内部的采购管理集中化的趋势，即通过对同一类材料进行集中化采购来降低采购成本。集中采购模式是目前国际上大型建筑企业普遍采用的降本增效、提升竞争能力的重要管理措施。不仅有利于实现各环节间的专业化分工协作，同时在整个企业集团内部资源的监控和整合方面也能发挥积极作用。可以从运营管理的权力、资源和信息三个方面理解集中采购模式的内涵：

（1）权力集中监控。企业集团能够通过集中采购对下属公司或项目进行集中监控，及时发现问题，有效规避企业采购中的风险。

（2）资源集中配置。通过集中采购管理能够增强企业整体的供应链资源凝聚力和竞争力，通过供应链资源整合和优化，可以有效地获得协同配合，发挥大宗采购的规模优势，从而实现降本增效的经营目标。

（3）信息集中共享。建立全面的招采资源信息管理平台，针对不同物资、不同设备和不同区域，集中建立分级分类的供应链数据库，围绕不同类别材料、设备的采购需求，形成集中采购信息管理平台。依托此数据库管理平台，掌握各种动态信息，快速高效的信息传递和共享，是企业实现集中采购管理的数据资源基础。

3.2.4 工程总承包专业分包管理

在工程总承包模式下，专业分包区别于劳务分包，是指总承包方将工程项目中的某专业分部分项工程，包括钢结构、机电、幕墙、装饰工程等，分包给具有相应资质和一定专业能力的专业承包公司进行专业化施工。专业承包方具有独特的技术优势和专业化管理能力，能够弥补总承包方资源与专业能力的不足。总承包方的核心工作就是要组织、指导、协调、管理各专业承包方，监督专业承包方按照总承包企业制定的设计标准和合同约定各项要求开展工作，从质量、进度、造价等各方面对专业分包工程进行统筹管理。

1. 工程总承包专业分包管理的特点

一是项目工程量大，工程相对复杂。采用总分包模式的工程项目一般都建筑规模较大、技术相对复杂。总承包方为了保证工程项目有序、高效实施，需要众多专业承包方参与，并将工程项目中的某项具体工程，分包给具有相应资质和一定专业能力的公司进行专业化施工。

二是专业化程度高，协同性要求强。一般来说，分包的工程项目专业的独立性较强，专项技术要求高，专业承包方弥补了总承包方在专业技术能力上不足的问题。总承包方依据项目特点，通过对专业承包方专业能力、队伍素质和相关业绩的判断来选择专业承包方。由于分包工程项目的技术接口、进度计划关乎整个项目实施水平，对专业承包方的协同配合能力提出较高要求，总承包方一般会选择经过长期合作的熟悉自身技术和管理的专业承包方参与工程项目。

三是技术密集型为主，劳动密集型为辅。分包企业分为技术密集型的专业分包与劳动密集型的劳务分包。一般来说，在总承包项目实施过程中两种类型企业都会用到，有些工序简单、操作容易的分部分项工程不需要专业性较强的公司，一般劳务公司就可以完成。但是，总包商在选择分包商时二者不能混淆，必须突出专业性，要以技术密集型为主，劳动密集型为辅，切实保证专业分包的专业化程度和水平。

2. 工程总承包专业分包管理的要点

一是协调各方关系，理清总包分包关系。要明确分包管理的定位，避免专业承包方直接对接业主。一方面要让专业承包方按双方合同要求给项目提供合格的产品或服务；另一方面在业主针对分包项目提出高于总承包方合同的不合理要求时，总承包方应当拒绝这些条件，而不是让专业承包方去面对业主，否则容易造成项目的额外支出，或者造成专业承包方不积极配合总承包方工作，直接影响项目质量和进度的后果。要严格把握总承包合同和专业分包合同的衔接问题，专业分包合同必须服务于总承包合同条款。专业分包合同签订前必须进行法律审查，包括审查专业承包方主体资格是否合法、分包内容是否违法、合同内容的真实性、合同条款是否完备、合同的文字是否规范、合同签订的手续和形式是否完备等。

二是培育专业分包队伍，做好事前管理控制。建立长期合作的市场化、协作化的专业分包队伍，是工程总承包管理的重要基础性工作。工程总承包并不是一般意义上设计、采购、施工环节的简单叠加，更不是"大包大揽"，应具有自己独特的管理内涵。重要的是如何运用总承包的管理协调和整合能力，以及对市场资源的掌握、对各专业承包企业的管理能力。为此，要谨慎选择有专业能力的分包商，严格按照招标投标法律制度选择有资质、有信誉的专业承包方，同时要通过开展各种培训活动，培育并建立一个长期、稳定的专业分包合作队伍，在技术、管理以及组织、协调等各方面形成密切配合、有序实施和高效运营的分包管理体系。

三是完善专业分包管理机制，实行全程质量监督。总承包方对专业承包方要实行动态管理、动态监督。EPC 工程项目是复杂的系统工程，项目本身投资大、周期长、涉及专业多，同时，由于专业分包合同具有种类多、个性差异大、数量大的特点，对专业分包合同的系统性管理又提出了更高的要求。总承包方应当对于 EPC 工程项目全过程、各个环节、所有工程的专业分包合同实施动态管理、动态监督，保证工程质量，实现工期目标、投资受控、安全完成。

四是建立专业分包管理中的风险防范机制。专业分包管理要本着风险共担、利益共享、实现双赢的原则。对于某些自身技术与管理欠缺的环节，要善于利用专业承包方的资源和力量，积极参与专业分包的方案制定、过程管理、质量验收等工作，通过加强管理实现风险管控。

3.2.5 工程总承包项目的风险管理

EPC 工程总承包项目具有成本可控、利润可观、管理简单、责任明确的优势，但优势与风险依然并存，而且最大的问题是风险过于集中。在工程总承包项目的实施过程中，总承包商要承担绝大部分风险，加大了承包商的管理难度。工程总承包项目的风险，主要是指在EPC工程总承包项目的实施过程中，由于一些不确定因素的影响，使项目的实际效率效益与预期效率效益发生一定的偏差，从而给项目带来一定损失的可能性。

1. 工程总承包项目风险管理的特点

一是项目涉及因素复杂。工程总承包项目在实施过程中，实施参与主体与利益相关者较多，相应的社会关系错综复杂，工程项目涉及的各种因素和环境复杂多变。由于总承包商所承包的工程项目分布在全国各地，甚至还有国外工程项目，在合同履约过程中，项目所在地的政策法规、经济环境、资金保障、物资供应、劳务状况等不确定因素较多。而且不同的地方管理程序、不同的技术标准和规范、不同的地理和气候条件等因素，使风险发生的概率增加，这就使承包商必须适应不同地区、不同国家的社会政策、经济环境、法律法规的要求。为此，在项目投标或议标前必须了解掌握当地的法律法规和相关政策，同时要对项目综合管理和风险管理提出更高要求。

二是项目涉及因素多变。由于工程总承包项目实施涉及工程设计、设备采购、施工安装、物流运输、运行调试、竣工验收等多阶段工作，工作环节多，牵扯方面广，可变因素大，履行合同所面临的各种主观不确定因素复杂多变，不可预见的各种风险发生的可能性必然增加。又加之在履行合同过程中，承包商不但要处理好与业主的关系、与业主项目关联企业的关系，而且还要处理好与地方主管部门以及分包分供商的关系。如此复杂的关系，促使承包商常常处于纷繁复杂和变幻莫测的环境之中，导致承包商控制不确定因素发生的难度增加，商务合同管理变得极其复杂，风险管理的难度相应增加。特别是在国内、国际大型复杂工程项目中，由于对潜在的风险估计不足产生的风险往往造成不可挽回的经济损失。

三是项目建设工期较长。一般来说，EPC工程总承包项目合同工期都较长，少则十几个月，多则几年时间。在较长的一段时间里，主客观造成的不确定因素发生和变化的概率大大增加，比如各种自然灾害发生概率，原材料、劳动力和汇率变动等影响价格变动的各种不确定因素发生变化带来的各种风险，给企业工程项目的风险管理增加了一定的难度。为此，在项目实施过程中，对相关风险问题的技术性处理和技巧性规避要求较高。

四是项目合同金额较高。由于大多数 EPC 工程总承包项目本身具有规模大、系统复杂、技术含量高的特点，投资建设少则几亿，多则上百亿资金，又由于工程项目的业主一般按工程实施进度付款的特点，导致承包商必须为工程实施和设备采购垫付大量资金。如果一旦出现主观或客观方面的各种不确定因素，导致了项目收款不及时、不到位的情况，就会给承包商的资金周转带来影响，一方面加大了项目的财务费用；另一方面如果大量资金长期不能收回，必然给企业整体经营管理活动带来严重的影响。

2. 工程总承包项目风险管理要点

（1）工程总承包项目管理的主要风险

在 EPC 工程总承包模式下，工程项目风险管理主要包括：投标阶段、设计阶段、采购阶段、施工阶段、竣工验收及结算阶段的风险。其风险分类详见表 3-2。

工程总承包项目管理的风险分类　　　　　　　　　　表 3-2

项目阶段	风险名称
招标阶段	投标管理风险、投标报价失误风险、合同投标管理风险、政策风险、技术风险
设计阶段	限额设计、设计质量风险、设计不当风险、设计进度风险
采购阶段	合规性风险、大型或特种设施设备采购风险（涉及技术参数、价格、周期、运输等方面）
施工阶段	工期风险、成本风险、来自业主的风险、质量风险、安全风险、资金风险、采购风险
竣工验收及结算阶段	验收延误风险、结算延误风险

由于在工程总承包项目中，各种不确定因素的影响，承包商将面对许多风险，这些风险可以表现为许多形式，比如业主违约、拒（迟）付工程款、在合同履约前终止合同；分包分供商违约、工程或供货拖期、技术指标达不到合同规定等。所有这些风险，归结起来将导致承包商要承担经济损失、企业信誉和信用损失等后果。

（2）工程总承包项目风险管理的要点

一是设计阶段的关键风险点。实践表明，建设项目成本控制的关键和重点均在设计，一般来说，设计阶段已形成项目成本的 70%～80%，是成本管理的关键阶段。设计阶段的关键风险主要是设计质量风险。包括：设计单位违反设计规范、标准以及批准的初步设计文件，或选用规范不恰当；设计单位对于地质条件、建筑物使用功能、建设单位要求等方面考虑不周；设计图纸内容不齐、设计深度不足、设计存在差错可能的风险影响等。如果这些风险点一旦发生，将会导致项目无法满足报建、验收、投入使用的要求；导致项目出现安全事故或无法投入使用；导致项目进度延误、建筑成本增加、部分使用功能无法满足等问题。

贯穿全过程的限额设计管控是当前 EPC 工程总承包项目的主要管理方式之一。限额设计是总承包商按照业主投资或造价的限额和批准的设计任务书进行满足技术要求的设计。限额设计是总承包工程项目投资控制系统中的一个重要环节，在整个设计过程中，设计人员与经济管理人员密切配合，做到技术与经济的统一。总承包商在限额设计要求下，对设计质量、设计进度、设计优化等提出了更高要求，必须站在统领全局的视角，具备统筹全局的管理能力，尤其需要具备出色的设计管理能力。实践证明，限额设计是促进设计单位改善管理、优化结构、提高设计水平，真正做到用最少的投入取得最大产出的有效途径；它不仅是一个经济问题，更确切地说是一个技术经济问题，它能有效地控制整个项目的工程投资，取得最大效益的关键措施。

二是施工阶段的关键风险点。施工阶段的关键风险主要是工期风险和成本风险。

导致工期延误风险主要包括：在自然环境方面，不可预见的地质条件、恶劣的气候条件、不可抗力（高温、洪水等）、工地自然交通条件等。在承包商管理方面，项目管理人员素质偏低、施工进度计划有缺陷、现场组织结构不合理、施工准备不充分、施工人员、材料、机械短缺等。在业主方面，工期不合理、业主要求的工程变更频繁、业主过多干涉承包商的工作、不能够按时提供施工条件、进度款不能按时支付等。

导致项目亏损的成本风险主要包括:政治、经济、自然灾害等环境因素;规范不当、缺陷设计、设计内容不全等规范性不到位;专业分包商和供应商招标、合同、采购因素不合理;施工现场管理、施工方案的变化,造成缺陷工程;新技术、新材料、新工艺的引进,消耗定额变化,材料价格变化的影响;资金不到位、资金短缺的影响;施工设备选型不当、出现故障、安装失误的影响;项目管理人员成本意识不强,缺少系统性成本管理机制等。

3.3 工程总承包的组织管理模式

工程总承包企业是我国大型建筑企业实施项目组织方式变革的目标模式,不是简单拼凑或单项业务的叠加,是企业价值链乃至整个产业生态的重塑。这一新的企业模式与传统模式相比,不仅表现在建造技术和核心业务上,更重要的是体现在经营理念、组织内涵和核心能力方面发生了根本性变革。

3.3.1 大型建筑企业传统组织管理模式

1. 建筑企业传统组织结构

近年来,我国大型建筑企业规模不断扩大,已成为世界级的建筑航母,比如中国建筑、中国交建、中国电建、中国中铁、中国能建等大型建筑企业,采用的组织结构模式基本上是大同小异。其基本组织模式都是由若干个区域二级集团公司横向联合组成的企业集团,在二级集团公司下设若干个子公司,子公司按照区域或专项业务发展设立分公司或事业部,分公司或事业部根据工程项目再设立项目经理部,即形成集团公司(总公司/股份公司)—二级集团公司—子公司—分公司—项目部五级管理层级,在新型业务发展上,也存在由集团公司(总公司/股份公司)直接管理专业子公司、分公司、事业部的情况,如图 3-1 所示。

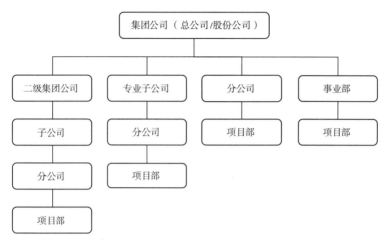

图 3-1　大型建筑企业纵向组织结构框图

我国大型建筑企业组织结构的形成和发展有其一定的历史原因，由于这些企业均属于大型国有企业，基本上是新中国成立初期形成的组织，在从计划经济到市场经济的过程中，不断调整组织机构的隶属关系、企业性质和组织架构以及合并重组等变化，由此导致企业形成过多的复杂交错的组织层级。这些企业的工作定位和运行管理机制主要是：集团公司（总公司/股份公司）主要工作内容是总体战略规划、国有资产管理、人力资源管控、品牌文化建设和组织协调以及各项方针政策的落实监督等，实际履行着行政和社会组织职能；二级集团公司主要工作是战略决策控制、品牌与文化维护、生产运营规范与监督等，一般不直接参与项目的市场开拓、承揽、运营和履约工作；分、子公司是一线的生产经营管理主体和项目实施责任主体；项目管理部则是具体工程项目的协调管理与施工作业的临时管理实施部门。从组织结构理论的角度看，它们基本上是标准的直线职能制组织结构模式。

2. 建筑企业传统组织结构的特点

综上所述，当前我国大型建筑企业主要采用的是直线职能制组织结构模式，除具有分工合作、高度集权和组织相对稳定的特点外，还呈现以下几个方面的特点：

（1）从组织结构的纵向层级看。组织被划分成五个层级，并形成自下而上的"金字塔"形。而且各分／子公司也有多个层级，各个层级所处的地位又不尽相同，表现为职能设置相互重叠的特征。

（2）从组织结构的横向关系看。各管理层被平行分为职能管理部门分别负责专项职能业务，如图 3-2 所示。部门分工较细，部门设置臃肿，各自独立运行，职责相对固定，表现为相对专业化管理特征。

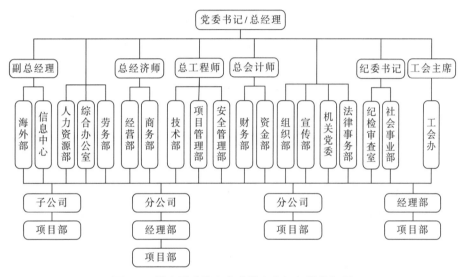

图 3-2　某大型建筑企业（横向）组织结构框图

（3）从各层级的职责定位看。各层级的职能部门业务重心下移，资源配置分散，部门间责任划分不清。比如分公司（独立法人）的职能主要以规范生产运营和决策监督为主，与一线生产作业分离，组织层级的职责表现为行政化特征。

（4）从运行机制的运营管理看。企业组织在运行机制上都设有大量的项目经理部，这些项目经理部有类似于分公司的管理模式，具有不同程度的人、财、物等管理权力，作为独立核算单位承揽和运营工程建设项目。企业总部的主要经济来源和创收指标，主要依靠大量增加项目经理部、提取一定比例的管理费获得，而不是依靠项目产生的效率、效益取得收益。

3. 建筑企业传统组织结构的问题

基于以上特点，不难看出目前我国大型建筑企业传统组织结构的典型形态可以概括为两种：一种是一些国有大企业，纵向层次过多，从子公司至最高层级达到 4～5 层或者更多，最上层主要是执行国有资产、发展战略管理职能和一些行政职能，实际履行着行政和社会组织职能。另一种有代表性的企业组织结构是公司设有大量的项目经理部，总部主要依靠增加项目经理部，提取管理费取得收益。两种组织形态都有同质化竞争、组织结构的纵向层级过多、业务职能重心下沉、资源配置分散、整体协同性不强、运营成本过高的问题。特别是在运行机制上最大的弊端就是缺乏企业内在的、有效的协调机制。问题主要表现在：

（1）组织结构的纵向层级过多。组织结构的层级过多必然会导致组织职能重复设置、要素资源浪费、工作程序繁杂、信息沟通不畅、决策系统迟缓。

（2）横向职能部门设置过细。企业横向职能部门的岗位设置过细必然会造成业务链、产业链以及生产经营活动的连续性和系统性被人为割裂，大大增加了沟通协调环节，行政成本较高，并使业务信息分散、办事效率低下、企业内耗加重。

（3）企业业务职能重心下移。业务职能重心下移表现为两种绝对形式，一是仅仅将生产业务的职能和任务向下移动，而将决策权力牢牢掌控。二是完全将人、财、物等管理权力交给项目经理部，收取一定比例的管理费，坐享其成。由此造成决策权与生产运营分离，形成决策者高高在上、生产经营者集中在下的相互割裂的生产运营管理格局。

（4）要素资源得不到充分发挥。由于组织层级过多、职能部门分散，特别是企业内部在同一区域形成众多公司，作业方式几乎相同却不能整合。从企业整体看，人才、物资、信息等资源分散，资源整合度低，个人能力、物资设备、信息数据以及创造性得不到充分发挥和融合互动。

（5）产业链上不能协同高效。由于企业内部的生产经营一体化程度低，各自为战，技术与管理脱节，设计与生产、施工脱节，核心竞争优势不集中，运作方式不灵活，难以形成系统集成的生产运营体系，进而造成了工程建造全过程的协同性不强、要素配置效率低下的问题，产业链上难以实现协同高效。

3.3.2 工程总承包企业组织管理模式

1. 工程总承包企业组织结构

工程总承包企业组织管理模式的基本组织结构，一般是采用矩阵式结构。矩阵式组织结构系统的建立与有效运行的前提是需要两个系统的密切配合：一个是能够提供各种要素资源支持的职能系统；另一个是使用资源的项目组织实施系统。二者之间形成了决策与执行、管控与支持、协调与配合的相互促进的组织结构和运行机制。

工程总承包企业组织结构的设计，首先要充分考虑建筑企业的产业特征；二是要结合企业自身的发展战略定位；三是要能够充分体现对工程项目组织实施的协同高效。通常情况下，企业总部的组织结构采用矩阵式职能模式，这是一种标准化和分权化相结合的组织结构模式，通过矩阵式职能型专业分工的管理方式弥补直线职能结构中高层管理者的专业能力局限和精力不足，切实保证总承包企业内部核心业务流程的高效运行，能够及时有效地为工程项目的实施提供资源、管理和技术支持，并且对于企业总部职能部门的运行绩效考核，可以通过对工程项目的指导、监督和服务的业务质量效果来反映。

矩阵式职能模式的特点具体表现为企业总部职能部门与工程项目部的业务协调、指导和支持，主要通过总部专家支持中心和企业信息管理系统平台为所有工程项目的实施提供资源和技术保障，如图3-3所示。

这种组织结构形式能够很好适应项目实施环境的变化性特征，能够根据项目的实际需求安排合理的技术人才，消除专业技术人才在某一个项目集聚过多或者沉淀在某一个项目而产生人才浪费的现象，也可以避免某个项目专业人才缺乏而造成误工和质量问题，从而提高企业人力资源配置效率。在公司总部设置项目执行中心（工程部）、工程技术专家中心、首席技术总监（总工程师）、首席信息总监，主要职能作用如下：

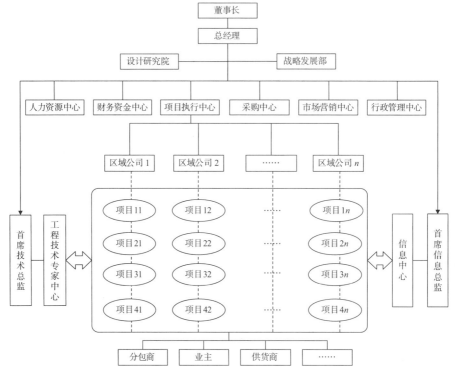

图 3-3　工程总承包企业组织结构的矩阵模式

（1）项目执行中心：主要负责公司所有工程项目的组织协调工作，以实现不同区域公司的项目之间的资源配置效率和共享目标。

（2）工程技术专家中心：工程技术专家中心的建立是对专家资源的集中管理方式。做法主要是将不同类型的技术人才进行划分归类，形成不同领域的专家组，并设立技术总监负责对专家中心进行统一安排和管理，当具体项目对某特定领域的专业技术提出需求后，技术总监则根据各项目需求，及时并统筹作出必要的人员安排。

（3）首席技术总监：主要是调动、协调和维护专家资源系统运行，并根据各区域公司项目实施阶段的不同需求调整、安排专家支持。

（4）首席信息总监：首席信息总监的设置是建立在企业信息管理系统平台的基础上。信息管理系统平台是将企业各个业务职能部门的子信息系统集成整合到一个信息管理系统平台上，从而打通企业内部的信息孤岛，实现企业内部信息共享、数据贯通。首席信息总监主要职能是制定流程、整合资源、数据传递和运行维护。

2. 工程总承包项目的组织结构

工程总承包项目的组织是为了完成某个特定的项目任务而由不同部门和人员组成的临时性工作组织。通过计划、组织、领导、控制等实施过程，对项目的各种资源进行合理协调和配置，以保证项目目标的成功实现。对于项目组织结构、岗位职责、人员配备等，要根据项目的技术要求、复杂程度、规模大小以及工期等客观因素而有所不同，组织是一个动态的管理过程。

根据国际上发达国家大型建筑企业的工程项目管理模式，并基于企业"大总部、小项目"的扁平化组织结构模式，工程总承包项目的组织基本模式应包括三个层级和两个矩阵结构，如图 3-4 所示。

（1）企业支持层、总包管理层和施工作业层。企业总经理及总部职能部门构成企业支持层，向总包管理层提供管理、技术资源以及行使指导监督职能；总包管理层是指 EPC 项目的实施主体——总承包项目部，总承包项目部的团队组建和资源配置由工程总承包企业总部完成，代表企业根据总承包合同组织和协调项目范围内的所有资源实现项目目标；施工作业层由各专业工程分包的项目部组成，根据分包合同完成分部分项工程。

企业支持层和总包管理层之间的主要组织问题是企业法人和项目经理部之间的责、权、利的分配关系，企业组织是永久性组织，项目组织是临时性组织，企业为项目经理部实施提供资源支持，项目经理部为企业创造利润，并且经过项目实施过程积累经验，为提升企业项目管理水平和专业技术优势作出贡献。

（2）资源配置矩阵和业务协同矩阵。企业支持层和总包管理层之间除了业务上的指导和监督外，还存在资源配置矩阵。具体而言，项目上人力资源和物质资源都是企业配置的，项目部只拥有使用权。管理视角的矩阵组织结构就是指项目部的管理人员和专业技术人员要接受双重领导：职能部门经理和项目经理。资源配置矩阵结构有效运行的目的就是保证项目实施的资源需求和为企业的发展积累人才资源、管理和专业技术经验。

总包管理层和施工作业层之间存在业务协同矩阵，各专业工程分包商的施工作业在总承包系统管理下展开。从理论上讲，业主方、总承包商和分包商的目标是一致的，都是为了完成项目目标。但是，在工程实践中，由于各参与方来自不同的经济利益主体，会因为各自的短期利益目标而产生矛盾和冲突。因此，业务协调矩阵的有效运行取决于总承包商的协调管理能力。

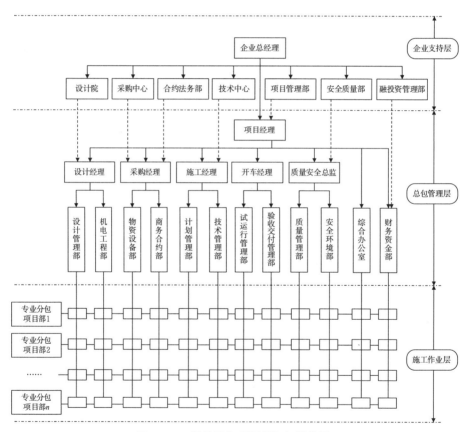

图3-4　工程总承包项目部组织结构图

3. 工程总承包的组织管理模式

工程总承包作为我国大型建筑企业实施组织方式变革的目标模式和核

心业务，在战略层面上一旦确定，就决定了企业的性质和业务发展方向。为此，必须要明确工程总承包企业到底是什么样的组织架构，什么样的组织架构能够支撑并促进工程总承包业务的发展。核心业务决定了企业发展战略，发展战略又决定了企业组织结构，组织结构将直接影响企业运营管理。为卓有成效地开展工程总承包业务，就必须要摆脱传统路径的依赖，从根本上对传统的组织管理体系进行系统性变革，构建符合工程总承包业务的企业组织架构、项目管理组织架构，理顺管理流程，明确业务衔接关系、责任界面和激励机制。工程总承包企业的组织管理应充分体现在：一是在经营理念上，建立了以"建筑"作为最终产品的系统性经营理念，确立以实现"建筑"产品的整体效率效益最大化为经营目标；二是在组织结构上，建立对工程总承包项目实行整体策划、全面部署、分工明确、责任清晰、协同运营的组织管理体系；三是在核心能力上，充分体现对核心技术掌握的熟练程度和集成能力，以及组织管理的协同能力，并具有独特性。

目前，在我国从事民用建筑的大型施工总承包企业，在这些方面普遍存在缺陷，还没有真正意义上建立起工程总承包的组织管理模式，仅局限在对项目部层面的组织结构和职责分工作出一般性规定，甚至将总承包项目管理等同于项目部对项目的管理，难以满足工程总承包项目在企业层面上协同高效的组织功能需要。工程总承包项目完整的生产管理过程应包括：企业总部组织体系内各相关业务与职能部门的参与；各职能部门不仅需要制定计划、提供资源，还要完成专业监督、指导和控制任务。在项目实施过程中，总承包企业在以设计为主导、项目部为中心的同时，还应统筹考虑企业总部各业务与职能部门和项目部的纵向协调、工作界面、利益分配机制以及跨企业组织的横向协调工作。

第 4 章

现代建筑企业数字化管理

数字技术是企业数字化转型的动力，极大地提高了企业管理、运营和决策的效率，助力企业更新价值创造模式，构建新的竞争优势。企业数字化管理是以数字技术和数据驱动为基础的新型管理方式，这种方式不仅仅是数字技术应用，从根本上还是一种组织变革。随着数字化时代的到来，尤其在新型建筑工业化蓬勃发展的背景下，数字化、智能化与建筑工业化深度融合，并利用数字技术提升生产效率，创造新的价值，优化管理流程，已形成对传统建筑业的管理模式和生产方式的冲击，正在深刻影响着传统建筑企业的管理，迫切地呼唤着现代建筑企业管理模式的转型与发展。

4.1 企业数字化转型的概念与内涵

4.1.1 企业数字化概念

1. 什么是数字化

数字化在业界已有非常明确的定义。从狭义上讲，百度百科定义数字化是指将许多复杂多变的信息转变为可以度量的数字、数据，再以这些数字、数据建立起适当的数字化模型，把它们转变为一系列二进制代码，引入计算机内部，进行统一处理，将模拟信号转变为数字信号，这就是数字化的基本过程。从广义上讲，数字化强调的是运用数字技术对业务模式的重塑，赋能企业商业模式的创新和变革，并提供新的价值创造能力。

数字化概念一般分为数字技术和数字经济两个不同范畴，在应用过程中二者容易混淆。

数字技术通常是指多种数字化技术的集成，包括：物联网、区块链、大数据、云计算、人工智能等现代信息技术。当前推进数字化的技术范式主要有工业互联网、产业互联网、智能制（建）造、反向制造，通过这些技术范式的应用能够大幅提高整体经济运营效率。

数字经济是以数字技术和数字化产品为基础的新经济形态。其主要特征是：以数据作为关键生产要素，以网络作为重要载体，以数字技术应用作为驱动力的一系列经济活动。数字化的本质是数字经济的概念，强调的是数字技术对业务模式的重构，是用数字技术赋能数字经济。

2. 企业数字化转型

企业数字化转型是指企业借助云计算、物联网、人工智能等现代信息技术，以数据为驱动，实现对企业的商业模式、组织管理和生产流程等全方位的改造、变革和重构，进而激发企业数据要素创新驱动潜能，改造提升传统动能，培育发展新动能，创造、传递并获取新价值，加速业务转型升级，并提升企业核心竞争力的过程。

数字化转型范围体现在企业需要重塑愿景、战略、组织结构、业务流程、核心能力和企业文化，改变价值创造路径，更新商业模式、业务模式和协作方式等。可以从两个方面来理解数字化转型，一方面是数字技术的采纳，如人工智能、区块链、云计算等新一代信息技术在企业供应链、价值链各个环节的应用；另一方面是资源和能力的变化，如人力资源、财务管理、知识管理，以及数字能力、动态能力等方面的管理重构。

企业实施数字化转型的结果主要体现在生产效率、价值创造和管理提升三个方面。在生产效率方面，如数字工厂、智能建造等；在价值创造方面，如在线经济、数字孪生、远程运维等；在管理提升方面，如数据决策、管理协同等。因此，企业数字化可以分为生产运营数字化、组织管理数字化、商业模式数字化。其中组织管理数字化需要企业通过数字技术改变传统的管理和沟通方式，重新构建企业组织架构和管理体制，优化管理流程与资源配置效率，拓展全新的组织管理模式。

3. 企业数字化管理

数字化时代的企业管理模式、流程和内容等将发生深刻变革，企业更加需要高效地统筹全部数据和业务，更加强调运用数字技术获取运营数据来分析、决策企业的生存与发展，更加注重各项业务的集权程度，通过数字技术提升管理效率。因此，企业数字化管理是指企业运用数字技术手段和系统集成管理方式，通过数据驱动，将企业组织管理、业务流程、技术研发、生产运营等数据，集成固化在一个 IT 系统平台上进行协同管理，并实现数字孪生、信息共享、互联互通，从而推动企业生产经营效率效益的提升。

企业数字化管理的目的主要在于提升企业核心竞争力，优化资源配置效率。需要从企业发展战略、业务流程、组织管理与 IT 建设等方面，统筹规划与管理创新，IT 是企业数字化管理的中枢神经，如何以数据驱动，确定科学合理的 IT 规划与业务战略保持高度一致并深度融合，是企业数字化管理的重要内容与基础保障。目前企业数字化管理处于起步阶段，仍有很大发展空间，蕴藏着巨大的潜力和价值，是企业实现持续发展的重要内容。

4.1.2　建筑企业数字化转型的内涵

1. 企业数字化转型是赋能管理升级的手段

数字化的本质是一种提升运营管理质量和水平的手段，侧重于优化管理流程，赋能企业管理升级。数字化必须能够实现赋能，能够提高企业管理效率，创造新的价值。数字化管理要起到对内赋能、对外增值的效果，提高资源整合能力和全要素生产率，实现企业运营管理协同高效，而不是为了数字化而数字化。

2. 企业数字化转型是以建筑工业化为基础

对于建筑企业而言，企业数字化转型是建立在建筑工业化长足发展的基础上，建筑企业如果没有建筑工业化的基础和条件，生产方式依旧传统粗放，业务管理逻辑、流程模糊混乱，数字化转型将是"无源之水"，不可能实现数字化转型。企业数字化转型不是 AI 技术简单的智能场景应用，AI 技术与建筑工业化深度融合才能实现智能建造，真正提高生产效率，创造新的价值。智能建造与建筑工业化不是割裂的两个主体，而是相辅相成的新型工业化建造方式。

3. 企业数字化转型是企业系统性全面建设

企业数字化转型是利用数字技术对企业进行全方位、多角度、全链条的改造过程。从目前建筑企业数字化转型的实践中看，大多集中在数字化场景或部门岗位应用层面，比如：BIM、人工智能、OA 等信息技术应用，只是单纯提高了部门级局部的效率和效能,数据呈"孤岛化"现象,并没有改变企业整个"建筑"产品生产系统的生产方式,没有通过数字技术改进全产业链、全要素资源配置的效率效益,尚未实现企业高质量的全面发展。

系统性数字化是企业全面建设的数字化,需要更加高效地统筹全部业务数据,围绕业务管理及关键要素"人、机、料、法、环",构建全要素数据资源体系;要针对业务流程、生产环节、技术体系,构建全方位、全链接的数字化业务体系;通过生产要素的数据驱动,从数据中获得企业生产预测能力并指导决策。系统性数字化是企业一体化管理建设的数字化,在一体化协同管理 IT 平台支撑下,全面建设企业一体化的数字业务管理体系,打造数据支撑的一体化管理决策、资源配置和协同创新能力。

4.1.3 建筑企业数字化转型的必要性

1. 数字化是推动建筑业高质量发展的重要手段

近年来,随着我国企业数字化转型的不断深入,建筑业的数字化进程一直饱受诟病,有研究表明,我国建筑业数字化水平长期排在国内各行业的末位,甚至低于农业。而且目前我国建筑业仍面临着市场规模萎缩、利润空间收窄、运营效率不高、核心优势不强、创新能力不足等问题,这些问题归根结底还是生产力和生产关系变革不够迅速、不够协同所造成的。而数字化转型一方面是通过对内部管理架构的改革和升级,有效地引导各业务板块、各生产要素之间协同,进一步增强企业内部产业链、价值链管理,挖掘企业内生动力;另一方面充分联动外部生态供应链合作,通过完善业务架构来提升整个产业的价值,挖掘企业发展的质量,实现传统产业和产业链协同改造、商业模式创新和产业结构升级相互促进,以数字化手段催生新动能,从而驱动高质量发展。

2. 数字化转型是企业打造核心竞争力的必然选择

建筑企业作为市场经济中的竞争主体,要求生存、谋发展,需要不断提升自身的核心竞争力,数字化技术正是提升企业核心竞争力最有效的手段之一。核心竞争力是企业在长期实践中积累并形成的过程,难以被其他企业模仿，具有价值的资源和能力，它是保证本企业具有竞争优势的动态资源和能力。建筑行业是劳动密集型产业，主要依靠人力和物力资源，生产方式传统粗放、效率效益不高。而通过数字化转型可有效助力建筑企业提升核心竞争优势：一是通过引入先进的数字技术和管理系统，使建筑生产过程更加自动化和智能化，减少人力资源成本，大幅度提高企业的技术水平和科技含量。二是通过数据驱动，可以使建筑生产全过程实现数据的实时监控，通过对数据分析，及时发现问题并加以解决，从而提高建筑的质量和品质。三是通过数字化管理模式的变革，从数据中获得发展预测能力并指导决策，可以较大地提高企业的管理水平和效率，增强协同管理水平，降低企业运营成本，提高生产效率，从而提升企业核心竞争力。

3. 数字化转型是企业优化资源配置效率的内在需求

企业数字化转型的本质是通过数字技术优化资源配置效率，提高企业核心竞争力，通过数字技术和管理逻辑的融合创新，找到企业发展的完美曲线。通过数据分析和决策支持系统，可以对资源进行科学地评估和分析，为资源的优化配置提供决策支持。例如，通过数字化的供应链管理和物料采购，企业可以实现更精准的库存控制，减少过多的库存积压，降低成本。又例如，通过数字化的人力资源管理系统，企业可以更好地分析员工的技能、能力和经验，实现最佳的人才配置和培养计划；通过智能化方式减少重复劳动和人为错误，提高员工的工作效率和满意度。资源优化配置是企业数字化转型的关键目标之一，数字技术能够帮助企业更好地进行资源管理和配置。通过优化资源配置，企业可以提高资源利用效率，降低生产成本，提升核心竞争力，并为企业可持续发展提供支撑。

4. 数字化转型是企业商业模式再造的必由之路

数字化转型是建立在企业数字化运营、数字化管理基础上，进一步结合企业的核心业务，构建一个富有活力的数字化商业模式的全过程。随着信息化技术的快速发展，传统建筑企业的商业模式已经无法满足日益变化的市场需求，而数字化转型可以为企业组织、生产、市场营销和创新提供新的途径，驱动企业生产方式、组织架构和商业模式发生深刻变革。在数字经济时代，对于企业来讲，规模已不再是优势所在，更重要的是思维方式的转型，以及在多大程度上利用数字化工具来放大员工的能力，并善于从"数字化"角度来分析和挖掘企业发展的新模式、新价值、新商机，来驱动效率提升、产品增值、流程再造、生态构建等。数字化转型对企业经营模式、运营方式和市场竞争力等方面产生巨大影响，企业需要利用数字技术和创新思维来改变现有的商业模式，提升效率、降低成本、增强竞争力。

4.2 建筑企业数字化转型面临的问题与挑战

4.2.1 建筑企业数字化转型面临的问题

当前，无论是国家战略层面还是微观企业层面都意识到企业数字化转型的重要性，但建筑业的数字化转型进展一直较为缓慢，虽然一些建筑企业在数字化转型方面作出不少的努力，但在实践中由于同时面临着来自不同方面的诸多挑战，许多企业都处在转型的阵痛期。此外，数字化投入往往在产出与绩效上难以得到相应体现，企业因此产生了"不愿转""不敢转""不会转"等一系列问题。这里面既有传统管理模式带来的惯性思维和路径依赖性的主观原因，也有行业自身长期粗放式经营管理、劳动密集型特点带来实施难的客观问题。主要表现在：

1. 缺乏数字化转型顶层设计和统筹规划

目前，很多建筑企业在数字化转型中面临"不会转"的问题，其关键是企业内部从上到下没有形成对数字化转型的深刻理解和精准认识，未能将转型提到战略高度来梳理出清晰的战略导向并保持高度的统一，导致难以把数字转型付诸实施。一些企业仍然处在徘徊观望阶段，大部分企业缺乏清晰的转型路线图，仅仅局限在一般 IT 系统的场景应用，将部分传统业务从线下转移到线上，不知道如何利用数据资产挖掘数据价值，数字技术应用普遍较为片面且缺乏系统性。其主要原因是企业缺乏战略性顶层设计和发展规划，传统路径依赖性强，由此产生"不会转"的问题。另外，企业在数字化建设方面往往存在着"人、财、物"投入不足，受限于人力、资金约束，导致"心有余而力不足"，由此造成企业数字化转型顶层设计得不到落地、体制机制不健全等系统性问题。这些问题也直接导致建筑企业围绕数字化发展的战略目标、发展路径、建设内容不够清晰，在战略方向上存在认识模糊，甚至不知道要做成什么样、要怎么去做、今后如何转型发展的现象。

2. 企业业务模块各自为战、难以互联互通

很多建筑企业在数字化转型中容易陷入"不敢转"的局面，其关键是该项工作属于牵一发而动全身的重要工作，涉及各职能部门、生产环节、业务流程和管理制度等诸多方面的协同与共享，主要表现在：

一是不同生产环节难以协同。由于建筑企业的规划、设计、施工和运营等环节相对独立，项目各参建方均为独立法人主体，相互间存在一定的利益冲突，无法实现资源共享；各方没有统一的数据接口，导致产业链的数据相互割裂，缺乏各环节、各阶段共享与互动。此外，大多数建筑企业尚未建立数字化管理平台，即使设有，也是局部应用、功能单一，无法覆盖生产建造过程的各个环节和阶段，严重阻碍了业务流程的数据有效贯通和统一协作。

二是不同专业之间难以共享。由于建筑企业生产建造过程涉及多专业协同作业，而不同专业使用的计算软件不同，使用的信息化平台之间数据模型不同，进而造成多专业之间难以协同，设计阶段建立的数据模型，生产、施工阶段难以共享。另外，单方面专业设计方案的变更，造成其他专业工作的反复修改，缺乏一个包含项目设计、生产、施工全生命周期的系统集成平台。

三是不同信息系统难以交互。目前，建筑企业信息化建设仍处在部门级应用阶段，企业各部门按照业务管理需求逐步建立了各自业务的信息管理系统。另外，不同工程建设单位也建设了生产信息管理系统、项目管理系统等，但是无论是企业的部门之间，还是不同企业之间，各自建立的信息化系统之间几乎完全独立，局限在本部门、本企业的业务管理层面，相互间的数据难以交互，同一工程项目的信息数据无法实现互联互通。

3. 建筑工程标准化程度低，与数字化难以融合

制造业由于产品标准化、资源配置标准化、产品可大量重复生产等特点，与数字化严格遵循二进制逻辑、算法逻辑的紧耦合系统特性相适应，因此与数字化具有良好的亲和性。与制造业不同，建筑工程项目不能够重复生产，标准化程度低，生产场地不固定，人员不固定，设计经常变更，经常产生一次性、随机性、突发性的问题。本质上，数字技术与建筑业不具备亲和性，这种特性决定了建筑企业无法照搬制造业的成功经验。此外，信息技术公司大多存在思维惯性，面向建筑企业数字化转型，普遍对企业的复杂业务逻辑认识不足，对复杂的应用场景缺乏经验。建筑业有适合自己行业的规范、标准，与数字技术的标准存在本质上的差异。建筑业不可能用数字技术的行业标准替代本行业的标准。企业有自己特有的商业逻辑、业务逻辑，不可能被二进制逻辑取代。企业也不可能为了数字化而数字化，更不可能为了数字化颠覆自己的核心业务。现阶段，建筑企业普遍缺乏对 IT 专业的深度认识，IT 公司也同样缺乏对建筑行业特性和业务的深度理解。

4. 数字化复合型人才缺失，数字化建设举步维艰

目前建筑企业均以传统工程技术、管理和施工人员为主，缺乏同时掌握数字技术和建筑工程技术与管理的复合型人才。行业内理解业务、掌握技术，又能将二者融会贯通的数字化复合型人才的缺失导致数字化建设举步维艰。另外，在企业数字化转型过程中，数据要素的引入和智能建造场景的应用，将倒逼工程项目现场作业工人技能性转型，但配套的培训体系尚不健全，使项目管理和作业工人陷入两难境地。同样，在数据与技术要素融合的过程中，许多技术人员因缺乏相关专业知识不会操作，而无法应用。

随着数字化技术的发展，数字化复合型人才日益成为我国企业转型升级、数字化发展的核心竞争力，需求也在急剧增加。这种复合型人才主要是指行业内深度应用数字化技术、理解互联网 + 运作方式的跨界人才——既要具备数字化的思维能力，又要熟悉企业的业务及流程。建筑企业数字

化转型要想取得实质性进展，就需要拥有一批跨界的复合型人才。

4.2.2　建筑企业数字化转型面临的挑战

建筑企业数字化转型不可能一蹴而就，而是一个逐步渐进的复杂过程。虽然很多企业都已认识到数字化转型对企业发展的重要性，但是由于长期以来，我国建筑企业生产方式传统粗放，缺失集约化和一体化生产运营管理，生产要素碎片化、管理数据孤岛化、组织结构层级化问题早已根深蒂固，企业对传统路径的依赖性，严重制约了企业数字化转型，同时也带来了巨大挑战。

1. 企业战略定位与管理带来的挑战

企业进行数字化转型，是企业战略层面的问题。不仅是企业的"一把手工程"，也涉及企业各部门、各业务板块，以及生产经营活动的方方面面。企业数字化转型是一场深刻而系统的革命，不仅仅是一种技术革命，更是一种认知革命，是一种思维方式与经营模式的革命，是涉及企业战略、组织、运营、人才等的一场系统变革与创新。但是由于目前建筑企业的管理模式和运作机制相对比较落后，不科学、不系统，标准化流程不高，业务管理受技术、资金、人才等因素影响较大，管理升级的速度已远落后于信息化发展速度，自上而下进行管理变革必将带来企业的阵痛，因此如何选择最佳的方案、最小的代价、最快的速度，调整、优化、搭建企业整个的数字化管理构架，处理好数字化发展与企业管理变革之间的关系，是当前和今后一个时期制约建筑企业数字化发展的主要问题。

2. 企业要素管理碎片化带来的挑战

长期以来，工程建设领域体制机制条块分割管理，工程项目设计、生产、采购、施工、运维等环节各自为政，产业链、价值链、供需链上下游各环节相互断裂。有的企业花费大量的人力、物力、财力建设部门级信息化系统，由于生产运营的数据来自不同组织、不同渠道，管理语言不统一，技术语言不一致，各类执行数据、经营数据、外部数据等缺乏系统管理，各系统之间数据难以打通、整合与共享，由此造成了企业运营数据的孤岛化，管理协同、降本增效的目标大打折扣。而企业数字化转型是建立在企业要素管理集约化和运营管理流程化的基础上，没有企业标准化管理运营逻辑的支撑，各方面的数据资源将无法有效传递和共享，更谈不上数字化转型。如何破解企业要素管理碎片化和运营数据孤岛化，是目前企业数字化转型面临的重大挑战。

3. 企业组织结构层级化带来的挑战

从目前我国大型建筑企业数字化转型的实际情况看，大多数处于局部的、不成体系的阶段，普遍缺乏企业数字化转型的总体规划和顶层设计，尤其缺乏面向数字化管理的组织及职能再设计。由于大型建筑企业集团组织属于多法人集合体，内部组织的纵向层级多，甚至多达 4～5 层级；横向职能部门设置相对过细，企业内部组织协同失衡，由此造成顶层总部难以实现纵贯管理，中间各层级层层掣肘，底部管理单元虽然直接接触市场，但信息需经过层层上报才能进行决策，难以应对瞬息万变的市场。然而随着企业数字化程度的不断加深和信息处理技术的日益提升，数据逐步演进成为信息和知识，逐渐开始承担以前由中层所负责的沟通、协调和控制方面的职能，快速缩短了组织顶层与基层之间的信息传递距离。企业数字化技术的应用和数字化转型战略，将推动企业组织结构从金字塔形的层级化管理逐步向扁平式组织结构变革，必然会对企业传统的组织管理带来挑战。

4.3 企业数字化转型的方向与路径

建筑企业数字化转型不是开发应用一些软件或技术，而是一项涉及企业业务战略、组织管理、核心技术、人才管理等多因素的长期、系统和复杂的工程，这也决定了它无法一蹴而就，而是需要循序渐进、分层级、分阶段进行。建筑业企业实现数字化转型需要不断强化系统性认识，加强战略性统筹布局，面向核心业务及发展全局制定数字化转型总体目标和任务，在转型战略的统一引领下，遵循"小步快跑、快速迭代"原则，逐步推进企业数字化转型升级。

4.3.1 建筑企业数字化的层级划分

由于建筑企业数字化转型是一项系统工程，需要分层级分阶段进行。结合建筑企业管理运营逻辑和生产特征，依据业内专家对建筑企业数字化层级的分析和界定，对建筑企业数字化可从三个层次进行划分，分别是岗位层级的数字化、项目层级的数字化和企业层级的数字化。

1. 岗位层级的数字化

岗位层级数字化主要是指：基于企业各部门岗位的通用信息技术、计算机辅助办公、专业工具软件产品（工程预算、钢筋下料、工程算量、3D 建模等）的应用，比如：研发设计、技术开发、生产运营、经营管理等岗位。通过对岗位层级数字化提供一系列的信息技术和工具软件，从而帮助员工在岗位上工作效率更高、做得更好。例如：建筑设计岗位通过 BIM 技术建模、视图联动、模块化设计，直接导入分析模型、产品数据和计算结果；管理岗位采用的商务管理、财务管理、工程算量、项目管理等各相关工具软件系统，极大地提升了各管理岗位的效率和水平。

目前，大部分建筑企业数字化应用水平仍处在岗位级层面，已初步达到了主要业务部门系统的数据管理阶段。在此阶段，数字技术与专业管理模块的融合，实现了特定专业部门的业务数据集成，各业务管理子系统已较为成熟，应用也比较广泛，并显著提高了企业管理水平。应用的系统主要有：办公自动化系统、财务管理系统、企业门户系统、人力资源管理系统、视频会议系统、档案管理系统、项目管理系统、决策支持系统等。但是，由于各专业部门的业务管理系统之间完全独立，数据不能共享，可交互性差，相互之间的矛盾不断显现，对其进行整合升级的要求也越来越强烈。

2. 项目层级的数字化

建筑企业一般是以工程项目（项目部）作为生产单元，一个项目部承担了整个工程建设的全过程，基本覆盖了企业的生产全要素。项目管理的质量效果取决于项目的过程管理,而过程管理水平的高低则取决于工作协同的好坏。工作协同从工程项目不同维度看:一是横向运营管理协同,涵盖人员、进度、物料、安全、质量、环境、设备管理等模块,协同内容包括预算、执行、检查、分析等;二是纵向组织管理协同,涵盖业主、设计、供应商、监理、分包商等各方的协同,也包括集团、分公司、子公司直至项目部的制度管理、流程管理、监督检查、决策分析等。如何做到项目生产要素一体化协同管理,建立项目层级的数字化管理系统是最佳选择,能够真正实现项目实施过程的全方位工作协同。

项目层级的数字化管理系统是项目生产管理的核心,项目管理的数字化,促使项目管理从依赖于人转变为依赖于系统,从关注内部员工转变为关注利益相关方,从面向职能的部门管理转变为面向目标的流程管理,从静态的岗位管理转变为动态的角色管理。数字化建设促使项目管理人员必须注重过程管理,实现数据可追溯,确保业务活动透明可视;必须注重信息收集,实现过程自动预警,利于公司监控,便于项目部及时发现问题进行纠偏;必须注重资料积累,加速知识在公司内传播的速度,形成企业知识库;必须注重数据分析,直观发现管理中存在的问题,为提高企业的决策水平提供了强有力的支持。目前在项目层级的数字化应用已有一些企业进行尝试,但应用效果不理想,其原因来自多方面,有认识上的问题,有管理上的问题,也有技术应用的问题。

3. 企业层级的数字化

企业层级的数字化是指企业运用数字技术手段和信息系统集成管理方式,将企业的组织管理、业务流程、技术研发、生产运营等数据,集成固化在一个 IT 系统平台上进行协同管理,并实现数字孪生、信息共享、互联互通,从而推动企业生产经营效率效益的提升。企业数字化管理是基于企业的各岗位和项目层级的数字化管理系统,通过数据驱动,形成的企业数字系统集成管理平台。结合岗位和项目层级的发展状况和数据资源水平,能够将这些方面的数据实时地、无时差地、完整地、准确地传递给企业总部平台。企业总部基于这些数据的有效传递和集成分析,实现总部的业务协同管理，包括项目管控、资源配置、经济分析和风险识别，以及项目企业一体化、劳务管理一体化、物料管理一体化等方面，使企业的资源配置和生产效率得到进一步提升、生产运营管理更加协同高效。

4.3.2 建筑企业数字化转型的主要模式

我国建筑业属于传统产业，企业类型多、经营范围广，其核心业务、规模大小、技术基础等方面存在的差异明显，导致企业在数字化转型方向、实施范围和技术路径的选择上具有不同模式。

1. 依托工程总承包管理进行数字化转型

这种数字化转型模式主要针对大型建筑企业，具有一定的工程总承包管理的基础和能力，或企业在发展战略和核心业务的选择上，已明确或正在向工程总承包管理模式转型升级。在这个前提条件下，企业依托工程总承包核心业务进行数字化转型，一方面，从战略层面对企业内部组织结构、核心技术、业务流程等按照工程总承包管理逻辑进行调整、完善；另一方面，制定企业 IT 规划，运用数字技术手段，结合企业组织内部整体的系统变革和需求，对传统的管理模式和业务流程进行数字化编码及改造，并对已有的部门层级的信息管理系统进行系统优化集成。通过工程总承包管理逻辑与数字技术的深度融合，进而将企业的组织管理、业务流程、生产运营、工程项目等数据，集成固化在一个 IT 系统平台上进行协同管理，并实现数字孪生、信息共享、互联互通，从而推动企业生产经营效率效益的提升。

2. 选择项目层级切入实施数字化转型

由于部分大中型企业内部开发与应用数字化集成管理平台的资源与能力存在不足，在此条件下，数字化转型可从项目层级入手，选择具有一定规模和管理能力强的工程项目作为切入点，构建项目层级的数字化管理系统。对于建筑企业来说，工程项目（项目部）是企业生产活动的单元，基本覆盖了企业的生产全要素，项目部承担了整个工程建设的全过程管理，生产运营相对独立，数字化系统可复制，是未来企业层级的数字化管理系统平台不可或缺的子系统。通过逐步尝试、以点带面的方式推动企业数字化转型，进而获得经验和持续改进，减少因为试错可能带来的风险和成本，继而向其他项目进行复制和运用，最终实现在企业内部的全方位数字化转型。

目前在行业内，针对项目层级的数字化 ERP 管理软件系统已经较为成熟，但应用效果并不理想，其主要原因，一是企业项目部重视程度不够，内部组织管理跟不上，缺乏一体化流程管理，施工进度与报量模糊不清，数据采集、传递无法运行；二是项目管理的系统模块、业务流程、数据表单与软件系统不匹配、不适应难以融合。这对企业的项目管理提出了更高的要求，不再是专注于项目特定的组织方案、工序、技能，而是需要提前与应用软件系统的各模块对标、融合，进而构建项目层级的数字化生态系统，并将数字化思维贯穿项目、组织、工序、分包和工人层面，充分利用数字化管理手段改变项目管理模式。

3. 选择业务环节或板块实施数字化转型

一些建筑企业经过长期的发展之后，已经初步形成较为成熟的独立业务板块或多个业务板块来支撑企业经营发展。面对数字化转型这种全新的变革活动，企业可选择专业性较强的业务板块作为切入点，比如：设计、装修、幕墙、机电设备、预制工厂等专项业务。在推动过程中，结合企业战略定位与转型升级，通过整体 IT 规划，采用逐项、逐步的推进方式来实施企业全方位的数字化转型。

目前一些企业在相关专业板块已经开展了数字化转型，但预期效果不佳，其主要原因是各项生产数据模糊不清，如施工过程中的人工、材料消耗定额，以及分部分项工程量清单等杂乱无章；企业生产经营的组织结构、管理流程、数据表单不适应数字化管理系统；加之，企业总部缺乏必要的管理支撑，生产数据收集、分析后的结果难以起到生产决策作用。为此，企业选择业务环节或板块来实施数字化转型，必须要两手抓，一手抓内部管理系统改革，一手抓数字化建设，齐头并进、相融相生，数字化转型才能真正落到实效。

4. 选择适用的软件工具进行数字化转型

这种数字化转型模式主要是针对一些专业化程度高、业务规模小、市场规模较大、无法投入大量资金来开展数字化转型的中小型建筑企业。随着数字技术的不断迭代和深入发展，当前社会中已出现一些为中小建筑企业提供的通用型数字化解决方案，来帮助企业实施数字化转型的专业信息技术服务公司。此类公司通常为企业提供专业化通用型软件工具，比如：工程算量系统、财务管理系统、人力资源管理系统、商务管理系统、物质管理系统、劳务管理系统等，以及更加专业性的数字化工具，帮助企业快速推进数字化转型，从而有效提高工作效率。

4.3.3 建筑企业数字化转型发展路径与方式

进入数字经济时代，数字技术驱动企业实现技术、业务与管理的一体化融合，这将激发企业创造出新的商业模式，并对企业传统的生产运营管理产生巨大的影响和冲击。虽然不同类型企业的数字化转型会以差异化的方式体现，但依然存在基本一致的实施过程和步骤，只有让工业化理念、数字化思维贯穿企业数字化转型的全过程，才能确保数字化转型取得实质性进展。

1. 数字化转型路径

企业实施数字化转型路径应按照循序渐进、分阶段进行，并遵循"小步快跑、快速迭代"原则，逐步推进企业数字化转型升级。主要分为以下三个阶段：

第一阶段是打好数字基座，实现单项业务数字化突破。企业在这一阶段开始逐步实现内部流程数字化，在企业内部的各岗位部门、各项目层级提供专业化通用型软件工具实施数字化应用，如 BIM 设计、物资采购、智能工地、智能工厂、OA 办公或财务等业务系统，这些单一业务系统提供了未来转型必需的数字化基础。从建筑企业发展现状看，在这一阶段，单个职能部门开始使用颠覆性技术来建立新的商业模式。例如，商务部门可能已经使用物联网在物流采购管理方面取得了重大进步；财务部门采用区块链技术处理内外部业务间的会计结算，并形成企业数字资产。或者，一个企业内的业务部门可能使用技术手段来创造一种新的商业模式，例如，研发设计部门基于 BIM 数字孪生模型、虚拟仿真平台，有效提升各专业、各环节间的设计与生产协同水平。值得注意的是，这些变革是个体部门和项目的单点突破，尚没有一种总体的公司战略来驱动创新。

第二阶段是业务数字化协同，建立数字化系统管理平台。在企业内部的部门、项目数字化应用的基础上，通过运用新一代信息技术打造数字平台，作为推动企业数字化转型的基础设施，这一阶段标志着一个企业范围内的数字化平台或新的商业模式已经植根。企业领导者已经意识到数字化技术所产生的颠覆性力量，并且能够对企业未来的数字化状态作出预期。以企业供应链管理为例，企业建筑材料和产品的采购、生产、运输、施工等环节数据打通，通过数字平台实时监测上游产品供给情况和下游产品采购运输信息，灵活动态调整库存，实现柔性采购、产供销协同运营。然而，企业还没能完全转型到以数字化为核心的经营模式或者全新的商业模式，也没有建立反应灵敏的创新型企业文化以及发展的可持续性。

第三阶段是形成数字化基因，打造数字文化与组织形态。数字基因是数字化转型保持永不停歇的动力，企业之所以能够一直保持着持续的行业领导地位，是因为始终创新并引领行业发展趋势已经成为企业的准则。从企业文化来看，数字化管理可以在企业内部有效传播文化观念，让管理理念得以落地实施。在企业进行数字化管理适应性变革过程中，构建创新型文化是改变员工认知的重要基础，打造自驱型组织是变革管理体系的重要保障，应用新一代数字技术是使管理变革得以实施的有效工具。企业通过数字化转型，甚至转型成为数字原生企业，才能形成对环境和用户需求快速变化的高适应性，具有新的核心竞争力。

2. 数字化发展方式

（1）全面系统评估企业数字化转型基础

企业在开展数字化转型之前，需要清晰地认识当前企业围绕核心业务的组织管理的现实基础和条件，并开展内部评估，探究数字化转型的潜在模式和实施路径。具体来说，企业需要认真研判核心业务的需求、资源配置和发展能力，包括数字化的基础设施、数字化建设能力、运营管理能力以及员工所具备的技能等。在此基础上，进一步去思考自身的数字化发展和规划，判断数字化转型是依靠自身还是对外合作，哪些能力可以由内部构建，哪些能力可以通过专业信息技术公司或其他方式获取，需要在组织结构上进行何种变革，需要哪些技术创新，对企业业务流程和功能需要进行怎样的调整，以及建设数字化体系、平台需要的人才和资金等。

（2）加强顶层设计制定数字化转型战略

建筑企业一旦确定用数字化转型来进行自我提升，必须要加强组织领导，提前谋划数字化战略布局，首要任务就要明确发展愿景，制定战略规划。随后，企业需要在理念统一、目标设定、路径选择、要素投入等方面进行统筹规划、顶层设计和系统推进。同时要确定实施团队，构建符合数字化运行特点的组织结构和激励机制，从体制机制层面来保障数字化转型变革获得成效。具体工作包括：主导推动数字化战略制定、实施行动计划以及时间进程等；重点关注并掌握在推动数字化转型后，企业的核心业务模式创新可能存在的功能变革，进而带动的不适应等问题；确定在数字化转型过程中需要投入的人、物、财、技术等关键要素，并推动后续的要素整合、优化；要着力推动新一代数字技术与企业管理和生产的深度融合，自上而下进行管理侧数字化转型，自下而上面向生产侧进行数字化应用，聚焦工程项目管理和生产过程中的痛点、难点等问题。

（3）建筑企业数字化转型基础设施建设

搭建数字化管理平台是建筑企业实施数字化转型的重要内容，一般情况下可以通过两种方案来实现：一是直接采购外部成熟运作的数字平台，通过对标、改造和完善来赋能自身管理平台的数字化升级；二是完全依靠企业自身的研发能力来自建数字化管理平台，进一步整合优化各部门原有应用的数字化信息系统，打通数据接口，建立数据库平台，汇集内外部资源来推动资源整合，进而支撑企业数字化平台建设。无论采用何种方式，都要求企业必须能够形成"云基础设施＋云计算架构"，充分运用5G、物联网、云计算等数字技术，推动硬件设施的系统、接口、网络连接协议等向标准化升级，形成支撑数字化转型的基础底座，完成对设备、软件、数据采集等的数字化改造，确保对设施数据的采集和传输，切实保证高效聚合、动态配置各类数据资源。

（4）企业数字化平台的运行管理与应用

真正让企业数字化转型成为价值创造源泉的核心，在于企业能够通过数字化管理平台的运行管理来提升内部的资源配置效率，以及与外部资源的有效对接与协同配合。企业数字化管理平台运行的关键是针对企业核心业务数据进行统筹规划、统一存储和管理，并通过业务系统数据的弹性供给和按需共享，实现互联互通、高效协同。具体而言，通过数字技术对企业运营数据进行收集、存储和整合并从中提炼、挖掘、分析数据，服务并指导企业生产运营管理和决策。通过企业数字化平台建设，重塑企业管理流程，有效促进上下游产业链协同发展，创新企业运营管理模式，从而提升企业核心竞争能力。通过数据连接上下游产业伙伴，汇聚投资、设计、施工、采购、制造、物流、运维、金融服务等各类企业，把传统工程建造业务融入数字化平台，推动工程设计、采购、施工、运维等各环节的无缝衔接、高效协同，推动上下游企业间数据贯通、资源共享和业务协同，赋能并形成企业数字化发展生态圈。

（5）创造企业生产运营管理数字化场景

建筑企业管理实施数字化转型最重要的功能是能够利用射频技术创造可视化场景，展示并实时了解企业内部生产运营的动态，及时发现潜在的风险点，并对未来一段时间的生产经营作出精准预测分析。具体而言，资源数据化就是要把企业的各种资源、各种对象、各种生产要素全部从加标签开始进行数字化。除了对已有的资源和要素加标签外，对于那些空缺的数据，需要通过各种设备进行采集，如通过传感器、摄像头和其他智能终端数采模块来采集信号、视频、图片等不同的数据。例如，以打造企业价值全景图为例，为充分显示企业创造价值的全貌，包括投资决策、工程设计、采购与施工、交付与运营等阶段，以此来跳出部门角度，拥有全局视角，摆脱技术、业务等具体问题的约束。通过勾画业务进化图，充分反映企业的愿景、战略目标和业务发展变化的方向。只有参照这张图，才能超越业务主管的"近视眼",跳出现有的业务角色,去考虑整个企业业务发展的"第二曲线"。通过对各数字化场景的不断完善和更新,从而实现企业的科学管理和精确管理,为生产运营管理提供科学、有效的决策支撑。

(6)加强组织管理创新数字化管理机制

推进建筑企业数字化转型,首先要建立一把手负责制的企业数字化转型领导工作小组,统揽企业数字化转型工作,研究决定数字化转型路线图及关键工作,协调解决转型过程中的重大问题。其次要加快构建适应企业数字化运行的组织机制,适应数字技术发展特点,创新企业组织管理机制,加快企业管理层级的扁平化和放权,畅通企业信息流通渠道,消除管理冗余,提高应对市场变化的响应能力。最后要建立问责机制,要以系统是否好用、实用作为检验系统的标准,注重对试错经验和教训的总结,不断深化对数字化规律认识,杜绝重复犯错,重复交学费。同时,要加强人才队伍培养,按照"管理、建设、运维、应用"打造一支高素质高水平的数字化转型人才队伍,建立数字化专家、数字化专业人才和数字化从业人员三个层次的梯队,从人员数量和能力结构两个方面充实和强化人才队伍,为企业数字化转型提供坚实的组织和人才保障。

4.3.4 推动建筑企业数字化转型的主要措施

管理数字化不仅是技术采纳,从根本上还是一种组织结构和管理逻辑的变革。当前大部分建筑企业对数字化转型的内涵特征和实施路径的理解还不够准确,甚至还不到位。为此,在推动企业数字化转型的过程中应主要采取以下措施。

1. 提升企业领导者的数字素养

数字化转型是建筑企业自上而下的深层次变革,不是一时之需而是长久之计,因此需要企业主要管理者的全力支持和推动,以保障数字化转型战略从顶层设计落实到涉及业务的有效行动,加快企业数字化转型。企业数字化转型团队可以由信息技术、数据设施和业务流程人员组成,让具备数字领导力和组织变革能力的管理者来领导。在制定数字化转型战略之前,企业管理者需要审慎地评估对企业数字化转型的认知，即管理者是否意识到企业数字化转型的必要性，是否有进行数字化转型的动机和能力。管理者确定企业的转型需求和目标，团队中的技术人才负责评估哪些数字技术有助于企业转型，保障所引入技术对业务的适用性以及与现有数字化基础设施的兼容性。

在任何企业里，最高层对数字化转型的关注和领导都是无可替代的。数字技术日新月异，这对建筑业的传统企业来说是一个独特的挑战。进行一场数字化转型需要管理者对数字技术有着深刻的理解，至少需要快速了解技术带来的种种可能性。企业数字化转型要做成"一把手"工程，因为数字化转型是企业的自我颠覆，仅依靠 IT 部门和 CIO 是不够的，需要董事会充分授权，将数字化战略作为企业的长期愿景、核心战略，并授权企业高管进行落实。因此，数字化转型要求企业领导者对数字技术、应用场景持有敏锐的商业洞察力，并能够为数字化转型提供足够的人、财、物等资源支持。

数字化转型是建筑企业深刻的组织变革，需要全体员工的共同参与。企业数字化转型最好的途径是由内部人员领导数字化转型，同时聘请外部有关 IT 方面的专家进入团队，并在这一过程中注重对内部人才的培养和再利用，这才是确保数字化转型可持续性的核心。当员工意识到企业数字化转型可能威胁到他们的工作时，会有意或无意地抵制这种变革。在引入数字技术和开展数字化转型项目之前，领导者应该专注于改变员工的思维方式和组织文化等。企业需要统一思想，形成数字化转型的公司文化。通过培训、宣传影响各个部门核心人物对数字化的认识和认同是数字化转型成功的强大动力。数字化转型过程中,形成良好的企业文化能够减少转型的内耗，形成合力。

2. 推动转型过程的迭代式更新

在建筑企业数字化转型的每个阶段，都要把具体项目拆分成小型的、可迭代的部分，从而使数字化转型的风险降到最低。例如，某一业务模块的数字化，首先可以实现全流程各业务节点数据实时采集与调控，其次建立数据流在线处理与智能化管控系统。数据流断点的技术攻克有效激活了以往只是沉淀在报表中或者技术人员和管理人员大脑中的各种数据和经验。通过将经验数据固化，并集成融合应用于产品生产全过程管理中，从而将数据赋予了更大的价值，使传统的质量管理、人工统计分析、考核模式转变为依托大数据的智能决策、智能执行的管理模式，实现了从智能排单、质量在线管控、智能人员调度、成本动态核算为一体的全维度智能质量管理模式。

在数字化转型过程中找到一个"杠杆点"。每个企业都应该有适合其自身的数字化杠杆点，数字化转型的杠杆点就是可以最佳利用数字化技术的领域，如财务共享是很多企业的首要选择。以财务管理为例，信息技术的发展为企业财务管理向数字化管理方向发展提供了更大的发展空间，云计算实现分散到集约、独点到共享、扩容复杂到动态调配。在财务信息系统的部署方面，可以通过架设企业私有云，实现统一技术标准和信息共享创造技术统管条件；在资源利用和管控方面，利用云计算技术可以实现数据中心资源集约化管理、复杂数据的分析、统一使用和动态调配、降低运行成本、提高资源利用率。大数据实现离散到在线、单一到多样、统计分析到预测分析，通过大数据技术的支撑，对财务信息进行数据挖掘，机器学习，构建测算、预测、分析模型等，为企业决策提供有用信息的同时发现企业价值增长的潜在机会，助力企业的价值创造。物联网实现静态到动态、离线到在线、人工录入到自动采集，通过物联网物物相连所产生的庞大数据，在经过智能化分析、处理后，可以实现公司财务对资产价值的精细化管理应用；还可以应用于提供数据的采集、传输、分析及业务管理为一体的综合解决方案。移动应用实现固定到移动、繁琐到便捷、文字交互到多样交互等，对外可覆盖集团总部、各子分公司、产业链上下游企业甚至终端客户，对内可覆盖基层员工，通过移动应用可以充分利用"碎片化时间"，改变传统的办公模式，加强移动办公，提升工作效率。移动应用的普及还可以建立沟通平台、协同平台、分享平台与应用平台等，实现企业财务信息共享。因此，财务管理要紧密结合云计算、物联网、大数据、移动互联等新技术进行数字化创新，不断提高管理水平，实现业务模式创新和数字化转型，实现数据采集前端化、核算处理自动化、财务档案无纸化、会计职能服务化、会计核算数字化。

3. 构建支撑转型的数字化平台

在建筑企业数字化转型中,要求构建一个非常强大的企业数字化管理平台。这个平台可以帮助企业内部形成有效的数据库、资源池,形成强大中台支撑小前端敏捷服务的平台模式,比如建筑设计、工程施工管理、物资采购供应等业务前端平台。很多企业在实施数字化变革前,业务分散、效率低、流程繁琐、人工成本高;变革后,设计、商务、采购、施工、运维、财务等管理和业务人员处于同一数据平台中,形成了一个有机的整体。基于数字管理平台,推进商务业务全流程数字化管理,形成了全业务链、全自动化、无缝连接的数字化管控流程。同时,建立商务管理指标体系和管理动态监测系统,为企业合约管理提供及时、准确的管理数据。进一步而言,数字管理平台还可以涵盖员工的自我管理、自我服务、自我学习,赋能员工和分供分包商等内容,实现敏捷的迭代,实践"组织在线",并借助各方力量,相互影响、相互合作,为创造更大的价值提供可能性。

数字平台能够助力数字化转型。大多数传统企业建立了信息化平台,但是大部分都是由云服务或者互联网企业协助构建,建造活动的系统流程之间缺乏连接与协同。因此,企业需要建立一个统一的数字化管理平台,以整合技术和业务资源,达到技术融合、数据融合、业务融合的效果。数字化管理平台给生产经营带来了巨大的变革,不但能够实现全域数据采集,还能够作为数字化运营中心,实现全域数据的可视化,实时监测管理运营状态,推进各领域管理融合,纵向上下级单位在线协同,横向业务渗透融合、无缝衔接、数据高度共享。基于数字化管理平台构建完善的数据体系,让企业所有经济活动和业务活动实现数字化和流程化,用大数据指导企业充分挖掘和利用各项资源,用数据透视经营本质,持续优化资源配置,挖掘企业在产业链、供应链、资金链上的优势,有效提升管理效率。

第 **5** 章

现代建筑企业供应链协同管理

近年来，我国新型建筑工业化蓬勃发展带来的新理念、新技术、新业态与快速迭代，正在深刻地引起建筑业的产业结构、生产要素、生产方式、组织形态、建造成本等发生根本性变革。从原材料到建筑工程"产品"的生产建造全过程中，影响现代建筑企业最广泛、深远的是供应链协同管理。只有进一步提升供应链协同管理能力，才能够与新型建筑工业化发展相适应。现代建筑企业的供应链，不仅涉及业主、设计商、供应商、分包商、建造商等关联企业的协同管理，还涉及建筑业、制造业、服务业等产业上下游之间的产业分工协作。加快现代建筑企业供应链协同管理能力，已成为现代建筑企业能够把握科技革命和产业变革先机，推动企业效率变革、产品变革和生产方式变革，打造建筑工程"中国建造"升级版，实现高质量发展的关键。

5.1　建筑企业供应链与协同管理的概念

5.1.1　建筑企业供应链概念

1. 供应链的概念

根据百度百科的定义，供应链是指围绕核心企业，从配套零件开始，制成中间产品以及最终产品，最后由销售网络把产品送到消费者手中的，将供应商、制造商、分销商直到最终用户连成一个整体的功能网链结构。供应链管理目的是从消费者的角度，通过企业间的协作，谋求供应链整体绩效的最佳化。成功的供应链管理能够协调并整合供应链中所有各单元的活动，最终成为无缝衔接的一体化运转过程。

供应链管理（SCM）是一种集成的管理理念，是指对整个供应链系统进行计划、协调、操作、控制和持续优化的各种活动及过程的集合，其目标是将顾客所需的正确的产品，能够在正确的时间，按照正确的数量、质量和状态，最优的成本计划送到正确的地点，使这一过程所耗费的总成本最小。

显然，供应链管理是一种体现着整合与协调思想的管理模式。它要求组成供应链系统的各成员企业之间能够协同运作，共同应对外部市场复杂多变的形势，去实现一个相同的目标。随着市场的不断变化和企业需求的多样化，有效的供应链管理策略对于保持企业的竞争力至关重要。

供应链的目标是整体价值最大化。这一目标的实现远远超出了简单的成本削减和效率提升，它更加注重于如何在整个供应链中创造出最大的顾客价值和竞争优势。随着全球化经济的不断发展和市场环境的持续变化，供应链管理所需的不仅是对传统流程的优化，还需要具备高度的灵活性和适应性，以便能够快速地响应外部环境的变化，确保供应链系统能够在不断变化的环境中持续创造价值。

2. 建筑企业供应链概念

建筑企业供应链是指在工程建设过程中，以总承包商作为核心企业，以"建筑物"作为最终产品，通过对信息流、物流、资金流的控制，将设计工程师、物资供应商、专业分包商、劳务分包商以及业主连成一个整体的供需网络系统，实现整个建造过程的设计、采购、施工、运维和管理的一体化和集约化。

建筑企业供应链管理就是把建筑企业供应链上各个相关企业作为不可分割的整体，使各企业分担的设计咨询、材料产品、机电设备、专业分包与劳务分包等职能联结成为一个协同高效的有机体，并充分运用信息化手段，围绕设计、采购、供应、施工、运维等形成一个整体绩效最优的有效管理机制，包括对业主、分包商、供应商、建造商等各方之间资金流、信息流、物流的有效控制，从而全面提高工程建设的运营效率效益，降低成本，增强企业对客户的高质量交付与服务能力。

3. 建筑企业供应链的特性

建筑企业在工程项目实施过程中，通常情况下往往涉及上百家企业与机构，有着非常复杂的上下游企业间的供需关系，相对于传统制造业的供应链具有以下特性：

（1）建筑供应链具有较强的地域性。由于建筑活动通常在特定的地点进行，建筑材料和物资设备的采购、运输和存储等环节都受到地理位置的限制。因此，供应链管理需要考虑到地域性因素，如运输成本、供应商的地理分布、当地的法律法规和文化差异等。这种地域性不仅影响着供应链的设计和优化，也对企业的成本控制和风险管理提出了更高要求。

（2）建筑供应链是汇合供应链。建筑施工现场既是产品（建筑物或构筑物）的生产地也是产品的消费地，所有物流资源都将汇合到建筑施工现场，与传统制造业相比，建筑企业的产品是不流动的。在生产建造过程中，前期的计划、采购、储运、控制、供应等是关键，没有最终产品后期的运输、安装、销售等各环节，取而代之的是维护、维修保养。

（3）建筑供应链具有集中性和临时性。集中性体现在构成建筑产品（建筑物或构筑物）的所有的材料、部件、设备等，都集中在工地现场进行施工、装配完成，与传统制造业在工厂里完成定制化产品的大规模生产的特点完全不同。临时性指施工现场是围绕单一的建筑产品一次性的建设项目，而每一个新项目都需要组织新的项目管理部门，项目完工后组织机构将会适时解散。

（4）建筑供应链具有复杂性和交叉性。建筑产品的生产过程是由包括业主、设计院、监理公司等咨询机构，总承包商、分包商、材料、设备、构配件等供应商，银行、政府部门、保险公司等企业与组织共同参与完成，供应链涵盖了多行业、多类型、多地域的企业主体，而且供应链的节点企业可能为多个供应链上的节点企业提供产品服务，形成了众多分支供应链相互交叉的特征。而且供应链中的各个企业主体往往分散在不同的地理位置，资源分布较为广泛，不同程度上导致了沟通和协调难度，需要各个主体之间进行频繁的沟通和合作，以确保信息的准确传递和资源的有效配置。此外，在工程项目建造过程中，大部分建筑材料、部品、构配件等的生产供应，已由原来的现场生产逐步转移至工厂内进行标准化生产，建筑部品生产供应、施工安装等环节都发生了跨空间的变化，导致在供应链上单一环节的并行交叉作业的工作量增多，极大地增加了计划安排、供应进度与工程实施相互协调配合的复杂性及难度。

（5）建筑企业物流具有极高的不确定性。因为建筑企业的项目运作受业主、设计、监理、气候因素和地理环境影响较大，施工过程中不可预见性和多变性随时发生，每一个物流环节发生变化都需要及时采取保障措施。正是建筑企业这些独有的特征，加上建造"产品"的工期进度一般安排得非常紧，所需材料、物资种类繁多，且每个工程项目地点相对分散，工程情况又千差万别，所有这些都给建筑企业供应链高效运作带来极大挑战。

（6）建筑供应链管理具有较高的协同性。建筑企业建立供应链必须具备两个协同，一是企业部门之间的协同，企业内部如何建立一套统一的协同管理机制，确保各部门之间信息共享、资源共用、目标一致，是提高供应链管理水平的关键；二是总承包企业与各供应商之间的协同，总承包企业在工程建设中与上下游供应商之间的协同，关系到整个工程项目的进度、质量、效率和效益的水平。总承包建筑工程的供应链实质就是以总承包企业为中心，建立的战略型供需合作伙伴共同体与供需协同机制。

（7）企业之间合作与竞争关系并存。企业供应链中各企业之间往往存在着博弈与合作的双重关系，每个企业主体都追求自身的利益最大化，又要看考量持续稳定合作关系。在新型建筑工业化发展的环境中，很多参与主体从自身利益出发，积极主动地与其他参与主体进行交流，形成良好的协同合作关系。从整体上看，供应链上下游各主体间多数为沟通合作关系，但仍然存在着博弈关系。比如：在施工建造环节，预制构配件的加工制造、运输、现场安装等工作，需要构件生产供应企业与施工总包企业进行充分合作和技术衔接，以保证正常的施工进度和质量安全。同时，预制构件现场安装工作专业性较高，生产供应主体往往需要完成相对应的现场装配和安装工作，装配施工主体进行辅助配合，在无形当中增加了彼此间的博弈。

（8）企业供应链协同关系的稳定性。企业供应链系统的内、外部环境因素是动态变化的，这要求供应链上各企业主体不断调整自身的合作策略，并根据自身的利益诉求和整个供应链利益的平衡采取行动。当供应链上的参与主体均选择协同合作策略时，他们会逐渐相互促进、相互依赖，以及彼此信任，最终建立起长期的战略合作伙伴关系，齐心协力共同完成相关工程项目的建设任务。为了提高企业主体之间的沟通效率、降低协同工作中所需的交易成本，各参与主体倾向于保持稳定的协同合作关系，共享双方的特定信息和资源，实现多企业主体协同关系稳定有序的运作状态，有利于实现供应链价值的增值和可持续发展。

5.1.2 产业链和供应链的主要区别

目前，在建筑界对产业链和供应链的内涵界定不清，在理论和实践的应用上始终处于模糊状态，甚至将产业链与供应链混为一谈，进而导致对产业链和供应链的研究对象的边界出现模糊等问题。在本章论述建筑企业供应链的问题时，有必要澄清二者的区别。

1. 产业链的概念

产业链是产业经济学中的一个概念，是指各个产业部门之间基于一定的技术经济联系和时空布局关系而客观形成的链条式关联形态，通常可以从价值链、企业链、供需链和空间链等四个维度予以考察。产业链涵盖产品生产或服务提供的全过程，包括动力提供、原材料生产、技术研发、中间品制造、终端产品制造乃至流通和消费等环节，是产业组织、生产过程和价值实现的统一。

产业链的本质是基于某种专业化或商业模式市场化分工基础上，存在市场交易联系的企业群，它们之间基于专业化分工形成了特定的产业结构，是社会化大生产的分工协作关系的体现，它是一个相对中观经济学的概念，存在两维属性：结构属性和价值属性。不同企业主体之间构成的产业结构特征，也体现在价值链各环节的价值增值、企业链上下游的有序分工协同、供需链连接性的效率与安全均衡、空间链区域布局的集聚与扩散协调等方面。

建筑产业链则是建筑产业自身，以及与其他产业的企业间的技术经济联系、供给与需求关系的具体化。建筑产业中，从事规划设计、部品生产、物流运输、现场施工、室内外装修、运维管理以及咨询服务和金融投资等企业之间联系非常紧密，共同围绕"建筑物"这个最终产品，各自从事专业化、市场化的分工工作，形成了专业化、市场化的社会分工协作机制，根据其工作业务和性质的不同，分布于产业链条的上下游及不同地域，建筑产业链由此形成。

由于建筑产业具有向上下游延伸并带动一大批相关产业和企业的特点，所以建筑产业实质上是围绕建筑工程的开发、建设和使用过程而形成的一条完整的产业链。随着建筑产业内部分工不断地纵向拓展延伸，建筑产业链上各企业之间按照建筑产业内部不同专业化、市场化分工与供需关系，形成横向协作链与垂直供需链，垂直供需关系下的企业相互构成上中下游、不同的创造价值主体，横向协作关系则是我们通常所提的产业配套。

2. 产业链和供应链的区别

从上述对产业链和供应链的论述中，可以清楚地看到，产业链和供应链是两个不同的概念，它们关注的角度、领域和方法有很大的不同。产业链和供应链的主要区别在于：

（1）研究范围不同。产业链关注的是整个产业内的专业化、市场化分工关系与价值创造过程，包括多个企业和环节，它的目标是分析整个产业分工与价值创造过程，找出产业优势和劣势，并为政策制定和发展提供依据。供应链则关注的是为满足某单个企业，需要如何协调和管理与其形成供需关系的各个环节市场主体，以实现有效的产品和服务流动，其目标是提高企业服务市场的运营效率、降低成本、提升客户满意度。产业链视角更为宏观，旨在分析和优化整个产业的结构和动态；供应链则更多地从企业的微观视角出发，更为具体，注重的是企业内部以及企业与直接合作伙伴之间的互动。

（2）工作目的不同。产业链的目的在于分析产业上下游的协调与平衡，涵盖从原材料到产品或服务，再到最终消费者的全过程之间的专业化、市场化分工与衔接、配套，注重的是社会经济效率的提升和社会经济成本的降低，更加关注于整个产业的竞争力以及如何通过产业布局和分工优化来提升这一竞争力。供应链的目的则是特定企业通过其外部合作伙伴企业多样化供应资源，降低物流成本、提高物流效率以及整体产品或服务的质量，为本企业提供竞争优势，并提高客户价值。供应链管理的核心是如何在保证产品质量和服务水平的前提下，实现成本最低化和整体效率最大化。

（3）研究重点不同。产业链的组成单位通常是行业，它是行业内各企业社会分工的有序结合，而供应链的组成单位是以企业为中心的多市场主体之间的合作集成。产业链侧重于产业联系、企业布局和分工协作关系，而供应链侧重于各企业服务某一个企业之间资源的转换、传递、协同等供应关系。供应链管理着力于解决的是如何通过技术与管理创新，提高企业供应链的透明度、韧性和响应速度，从而在快速变化的市场环境中保持企业竞争力。

（4）运行规律不同。产业链形成了一个多重供应链条的复合体，这些供应链条是针对特定行业的某产品、客户服务，而供应链本身可能跨越多个行业，集中服务于某一企业。产业链受到产业和企业的内部关系及国家宏观政策等外部关系的影响及制约，而供应链则主要受某企业发展战略和产业链的长度、宽度的影响及制约。

5.1.3 建筑企业协同管理的概念

1. 协同管理的概念

协同管理是基于协同理论概念发展而来的管理方法。协同理论是由联邦德国斯图加特大学教授、著名物理学家哈肯（Hermann Haken）教授在 1971 年正式提出，之后，基于多学科的研究基础，被系统地论述并且广泛运用在各个学科领域。协同理论（Synergetics）的核心在于研究系统如何通过内部和外部的相互作用实现自组织，即系统组件如何协同合作以形成更高层次的结构和功能。协同理论认为，千差万别的系统，尽管其属性不同，但在整个环境中，各个系统间存在着相互影响而又相互合作的关系。协同也包括通常的社会现象，如不同单位间的相互配合与协作、部门间关系的协调、企业间相互竞争的作用，以及系统中的相互干扰和制约等。

在协同理论的基础上，结合管理学相关理论，发展了协同管理。协同管理就是将传统的各自为政、信息孤立的管理模式改变成各个环节协同、最后将其整合为一体的管理方式。在协同管理中，信息的流通是确保协同管理的基础，也是因为信息的流通确保了信息共享、资源优化配置、各类资源的协同，从而发挥协同管理的巨大管理效益。

2. 协同管理的目的与维度

协同管理的目的在于通过高效的管理手段，解决企业内部及与外部合作伙伴之间存在的信息孤岛、资源配置不均和运营效率低下等问题。通过信息共享、资源共用和业务运营的高度整合，实现企业内部及与合作伙伴间的无缝对接，从而提升整体运营效率和市场竞争力。协同管理的核心在于打破部门间、企业间的壁垒，促进信息的流通和资源的有效配置，确保各方能够在相同的信息平台上共同决策和行动，实现共赢。此外，协同管理还体现了一种先进的企业文化和价值观，强调团队合作、开放共享和共同发展，为企业的可持续发展提供了有力的文化支撑。

从维度上讲，协同管理覆盖了企业内部的信息流、物流、资金流等各个方面，涵盖了从原材料采购、产品研发、生产制造到销售服务等全链条的协同。同时，它也扩展到了企业外部，包括与上下游供应链伙伴的协同，以及与政府机构、社会组织和研究机构等第三方的合作。通过内部与外部的广泛协同，企业能够更好地响应市场变化，快速调整策略，优化资源配置，提高响应速度和服务质量，最终实现企业的持续健康发展。因此，协同管理不仅是企业提升竞争力的重要手段，也是现代企业管理的重要趋势。

3. 供应链协同管理

供应链协同管理就是针对供应链上各企业的合作所进行的贯通、协作、整合管理，是供应链中各节点企业为了提高供应链的整体绩效与一致竞争力而进行的彼此协调和相互合作努力。

供应链协同管理的根本目的，在于通过采取协同化的管理策略，促进供应链中各个节点企业之间的协作与分工，从而减少冲突和内耗，提高整体效率与效益。为了实现供应链运行的高效协同，首先，各节点企业必须树立"共赢"的合作理念，明确认识到只有通过合作才能实现共同的目标和利益最大化。其次，需要建立一个公平公正的机制，以确保利益共享与风险分担。此外，基于相互信任的基础，各方应进行更加广泛和深入的合作，并借助现代信息技术，建立数字化共享平台，实现及时沟通与交流，促进技术与管理的互动和创新。最后，企业内部管理的业务流程再造以及协同优化也是实现供应链协同管理目标的关键环节，这有助于提升整个供应链的响应速度和服务质量，进而在激烈的市场竞争中占据优势。

供应链协同管理是一种涉及供应链内多个环节的综合管理方式，通过协调和优化供应链中的各个环节，提高整个供应链的效率和响应速度。供应链协同管理的内容主要分为有形协同和无形协同两大类。有形协同主要发生在供应链中具有物理联系的节点上，它包括了需求预测协同、产品设计协同、采购协同、计划协同、库存协同、生产协同、物流协同、销售及服务协同以及财务协同等方面。这些活动通过有效的信息共享和流程整合，促进了资源的最优配置和运作效率的提升。而无形协同则涉及供应链节点企业间的文化价值、知识、技能和经验等非物质资产的共享与合作。具体来说，包括文化协同、知识协同、供应链模式协同、客户关系协同和价值增值协同等方面。通过无形协同，企业不仅能够共享重要的信息和知识，还能共同塑造和维护一种有利于供应链整体运作的文化和价值观，从而增强整个供应链的竞争力和可持续发展能力。

5.2 建筑产业结构优化与企业供应链协同管理

现代建筑产业与制造业相比，有其自身的特殊性，建筑产业的产业链长、关联性企业多，生产环节复杂多变，区域经济条件的差异性带来的影响因素多。为此，要研究现代建筑企业供应链协同管理问题，必须深入研究建筑产业与其他产业及建筑产业内部企业间的技术经济联系、供给与需求关系、资源的空间配置等方面问题。建筑产业基础是建筑企业创新发展的基本保障和重要支撑，建筑产业的基础能力无论对建筑产业发展质量、发展潜力，还是对建筑产业链、企业供应链的控制都具有决定性作用。

5.2.1 建筑产业结构优化与企业关联关系

1. 现代建筑产业结构的含义

现代建筑产业结构是指在传统建筑产业长足发展的基础上，适应我国新时代经济增长方式的新变化、新要求，进而在产业间及建筑产业内部企业间发生相应演变的关联结构及它们之间相互依存和制约的关系。通俗一点讲，产业结构问题实际上就是产业要素资源在企业之间的配置结构问题，最终体现为产业链的状态。

建筑产业结构的形成和发展，是建立在社会分工基础之上的，随着生产力水平的提升和科学技术的进步，这一结构不断地演化和完善。在建筑行业内，一个企业与其他企业之间，以及企业内部各个部门之间，都存在着紧密的联系和互动。这种相互之间的联系和依赖，促进了建筑产业结构的形成。此外，随着经济社会发展阶段的变化，新的要求和业态的出现，以及社会分工的细化和供需关系的调整，建筑产业结构也在不断地发生变化。这些变化体现在建筑材料的使用、建筑设计理念的更新、施工技术的进步，以及建筑管理模式的创新等方面，展示了建筑产业结构的动态性和适应性。

2. 产业结构内部企业的关联关系

随着我国经济增长方式由高速增长阶段向高质量发展阶段转变，现代建筑产业结构必然要从低级向高级演进，表现为产业结构的高级化和合理化。从这个角度和产业结构理论上看，对于现代建筑产业结构以及内部企业之间的相互关系，可以用产业链、价值链（Value Chain）和价值系统（Value System）两个概念加以描述。企业的经营活动可以用供应链和价值链进行描述，而产业则可以看作一个价值系统。

因此，建筑企业创造价值的过程可以分解为一系列互不相同但又相互联系的生产活动，这些生产活动的总和即构成了产业链和价值链以及产业结构；而单个企业的供应链、价值链又处于范围更广的建筑产业内各生产要素所形成的相互关联之中，如上下游之间、供应商与建造商以及相互配套和协作的企业之间，由此形成一个综合设计、咨询、采购、生产、建造、管理等增值活动的产业链集合体，即形成产业链价值系统或产业结构系统。在这个产业链上的价值系统中，各环节或各个价值链之间相互依赖、互为前提，在相互关联的各个环节产生出不同的价值增值。并且，以这种复杂的相互关联为基础，整个建筑产业构成了重叠交错、千丝万缕、密不可分的各个子系统，以及子系统与母系统之间连接起来的复杂的产业系统。

在产业之间及建筑产业结构系统内部，主要由投资开发、勘察设计、材料生产、产品制作、施工安装、咨询服务等行业构成，这些行业或企业都围绕"建筑物"这个最终产品通过供应链而展开。在"建筑物"的生产活动和产业链活动中，各个企业在各自的生产环节都具有不同的经营范围和创造价值的目标。比如：建筑施工企业主要从事基本价值活动（Primary Activities），即一般意义上的生产建造环节（包括材料和设备采购、物料储运加工、施工活动等），这些价值活动和建筑产品通过分工与产业链产生直接关系，生产要素包括劳动力、生产资料和设备等；而勘察设计和建筑咨询企业则主要从事支持型价值活动（Support Activities），包括技术评估、过程及产品设计、质量管理等，要素投入主要是知识和人力资本。

3. 现代建筑产业结构优化

根据产业经济学理论，产业结构优化是一个复杂而系统的过程，涉及产业结构的合理化和高度化（高级化）。这一过程不仅需要政府通过产业政策进行积极的调整和引导，以促进供给结构和需求结构的变化，还需要实现资源的优化配置和再配置，以推动产业结构向更合理、更高级的方向发展。产业结构的合理化主要指的是不同产业之间、产业内部企业之间以及各个生产环节之间的协调能力和关联水平的提升。而产业结构的高度化，则是指随着经济发展阶段的演进，产业结构不断更新，向更高层次转变的过程。总的来说，产业结构优化旨在通过调整和优化产业结构，促进经济的持续健康发展，提高国民经济的整体竞争力。这一过程包括明确优化的目标、对象、机理和相应的政策措施，是实现产业升级和经济转型的关键。

对于现代建筑产业结构的优化而言，建筑产业结构的合理化、高度化，当前应主要从以下几个层面发展：

（1）培育并促进建筑产业主体的发育成长。国家应该针对现代建筑产业制定相应的产业结构政策，引导现有的大型建筑企业尽快从传统的粗放的发展路径中摆脱出来，提升总集成、总承包能力和水平。通过系统整合资源、延伸链条，发展咨询设计、制造采购、施工安装、系统集成、运维管理等一揽子服务，进而提供整体的建筑工程解决方案，使之真正发展成为资金密集、管理密集、技术密集，具备设计、生产、施工一体化，投资、建设一体化，国内、国外一体化的综合类的建筑产业龙头企业。并在我国各经济区域内、各专业领域（如房屋、道路、桥梁、水利等）中，培育并形成若干个这种类型的龙头企业，引领并带动各经济区域和各专业领域的建筑产业发展，这也是现代建筑产业成熟的重要标志。

（2）促进产业主体结构向专业化、社会化方向发展。专业化分工和社会化协作机制的形成与发展，是现代建筑产业体系建设的程度和水平的重要体现，也是能否将建筑产业纳入社会化大生产范畴的重要标志。随着新时代我国经济社会的快速发展，以及建筑业的技术进步与转型升级，现代建筑产业的专业化程度会越来越高，专业化分工也会越来越细，产业集中度及集约化程度将会发生根本性变革。因此，要引导广大中小建筑企业顺应社会化分工趋势，根据自身的优势和特点找准定位，主动向专业化公司转型，在本专业领域做专、做精、做实，真正做出自己的核心竞争力。以此，形成一批秉承扎实、专注、执着的实业精神的专业型、技能型、创新型建筑企业大军。

（3）统筹推进建筑产业内的各企业的协调发展次序。进入新时代，由于我国经济增长方式发生了根本性变革，已由经济高速增长阶段向高质量发展阶段转变，这必将促使传统建筑产业进入衰退期，衰退的根源和本质是传统建筑产业创新能力和发展动力不足，传统建筑产业的各种表象均已表明，传统建筑业已经进入到必须转型升级的重要历史关头，甚至会引发重新"洗牌"。因此，首先要引导现有的具有施工总承包特级资质的大型建筑企业进行技术改造升级和产业重组，使其形成更为系统完善的、协同高效的以及具有核心竞争力的产业体系；其次是对一些生产规模小、产品质量差、效率效益低、核心能力弱的企业实行关、停、并、转，并引导其向适合的专业和行业领域发展。以此促进建筑产业结构向合理化、高度化方向发展。

（4）建筑产业与关联产业深度融合、协调发展。现代建筑产业和相关联产业深度融合、协调发展，是顺应新一轮科技革命和产业变革，增强现代建筑产业的核心竞争力、培育现代建筑产业体系、实现高质量发展的重要途径。一直以来，传统建筑产业与相关联产业缺乏协调与互动，各自为政。比如建筑产业需要制造业生产的建筑材料与部品，而制造业的产品生产过程难以融入建筑设计、采购、施工的全过程，由此造成二者之间的技术衔接产生不合理、不经济、不适用等问题。尤其是，我国工程建设标准和产品标准实行二维管理，工程建设标准与产品标准尚未实现有效衔接，产品标准不能与建筑产业链的各环节相互对接、匹配，无法满足大规模建筑工业化发展的要求。在建筑产业的建造过程中，建筑产品的集成技术是整个房屋技术体系的重要组成部分，建筑产品与建造技术密不可分。为此，现代建筑产业必须充分发挥市场配置资源的决定性作用，顺应科技革命、产业变革、消费升级趋势，通过加强产业之间的合作融合，深化业务关联、链条延伸、技术渗透，探索新业态、新模式、新路径，推动现代建筑产业与相关联产业相融相长、耦合共生。

（5）推动建筑产业转型升级，实现产业结构高级化。我国建筑产业正在由高速增长阶段向高质量发展阶段转变，产业结构转型升级任务非常艰巨。具体表现在：一是传统建筑产业长期处于价值链分工的低端，生产方式传统粗放，价值实现主要依赖劳动密集型、现场手工操作为主的施工总承包业务，较少涉及由建筑设计主导的工程总承包业务。二是从产业组织结构上看，产业集中度不高，企业的核心能力不强，同质化竞争非常明显，虽然一些大型企业产值规模在扩大，但是集中度不仅没有上升，反而下降。三是建筑产业还没有真正从劳动密集型向知识、技术密集型转型，标准化、工业化程度不高，技术集成水平低。四是劳动生产率、产值利润率、节能环保效果等指标远远低于美、德、日等发达国家。因此，需要全面优化产业结构，不断增强企业核心竞争力，着力推进信息化与建筑工业化融合，培育大型龙头企业依托工程总承包模式，做大、做强、做优，引领带动中小企业向专业化分工转型，通过转型升级真正实现建筑产业结构高级化。

5.2.2　建筑企业供应链协同管理必须坚持的原则

建筑企业供应链协同管理对于确保企业生产活动的质量和效率提升、实现高效运营至关重要。它不仅是企业获取核心竞争力、推动高质量发展的关键，也是建筑产业健康发展的基石。建筑企业供应链的高效管理，不仅能够促进企业资源的最优配置，降低运营成本，提高响应市场变化的灵活性和速度，而且也是建筑产业发展的重要组成部分，与国家经济社会发展、城乡建设、民生改善息息相关。为此，现代建筑企业供应链协同管理，必须坚持以下原则：

1. 坚持企业主体、市场导向原则

现代建筑企业供应链协同管理必须以工程总承包企业为主体，供应链来源于企业生产活动、植根于企业经营管理，发展于产业体系之中。工程总承包企业是推动现代建筑企业供应链协同高效的主要动力。工程总承包企业作为建筑企业供应链的主体，离不开市场经济活动，必须以市场为导向，也必须通过市场经济自然规律来实现优胜劣汰，提高工程总承包企业的供应链绩效，促进企业资源要素的市场化高效配置，以形成布局合理、特色鲜明、优势互补、分工协作的现代建筑企业供应链协同发展新格局。

2. 坚持系统推进、整体施策原则

现代建筑企业供应链是一个跨行业、跨企业、跨部门的系统工程，链条长、关联性企业多，生产环节复杂多变，必须在统一规划指导下，加强与政府相关主管部门、相关企业合作以及企业内部相关部门参与，坚持系统推进、协调发展。要从全局角度寻求新的供应链发展模式，不能头疼医头、脚痛医脚、各管一摊、相互掣肘，而必须统筹兼顾、整体施策、多措并举。要按照系统工程理论，运用一体化建造方式和信息化手段，从全方位、全行业、全过程的视角来构建现代建筑企业供应链系统。

3. 坚持系统集成、协同高效原则

现代建筑企业供应链协同管理，要强化技术进步与系统集成创新的引领作用，加强建筑系统集成技术体系的研究，鼓励发展企业专用技术体系创新，重点围绕建筑、结构、机电、装修一体化的集成技术体系，从全产业链的视角，运用一体化的思维，系统补足标准、技术、设备、工具以及人才、软件等系统应用的短板。要加强管理创新、模式创新、体制机制创新，要大力发展工程总承包模式，通过"纵向拉通，横向融合，空间拓展"，达成资源的高效整合与配置，从而真正实现企业供应链的效率和效益提升。

4. 坚持分工协作、协调发展原则

现代建筑产业发展方向就是实现社会化大生产，社会化大生产的突出特点就是建立专业化分工协作机制。分工协作的前提是需要龙头企业引领和带动，需要供应链协同。首先，要根据不同经济区域培育大型建筑总承包企业集团，发挥龙头企业引领作用；其次，在此基础上孵化一批相配套的各种类型的专业化公司和部品生产企业，形成相对完整的产业链形态，在产业链上，建立起分工协作的供应链运营机制。这不仅能充分发挥区域经济优势，最大限度地优化资源，而且可以加速区域经济的一体化进程，支撑区域经济的持续健康发展。目前我国各地区都在大力发展产业园区，就是为了促进产业的集聚发展、协调发展。但是，缺乏龙头企业引领和带动的生产企业聚集，将会是一盘散沙。因此，在建筑产业的布局中，既要反对无产业主体（龙头企业）的过分集中，又要反对互不联系的过分分散的极端做法。

5. 坚持数字经济、绿色发展原则

气候变化是人类面临的重大而紧迫的全球性挑战。其中，建筑业的低碳零碳转型已成为世界各国亟待解决且无法回避的重大问题。尽管中国已成为建筑业大国，但"大而不强"的问题突出，高能耗、高排放的问题仍然是建筑业发展面临的严峻挑战。伴随着新一代信息技术快速成长，数字经济得到迅速发展，以大数据、互联网、人工智能为代表的新一轮信息技术革命，催生了新的经济形态，成为促进建筑业绿色发展的必然选择。绿

色发展是构建现代建筑产业体系的必然要求，坚持数字经济、绿色发展原则，建立与绿色发展相适应的新型建造方式，加快形成节约资源和保护环境的空间格局、产业结构、生产方式，对于支撑社会经济发展、城乡建设和民生改善的建筑产业来说，无疑具有重大指导意义。

5.2.3 建筑企业供应链协同管理的对策与建议

1. 建立企业供应链协同管理体系

统筹管理企业供应链全流程供应资源，加大供应链的资源整合力度，建立企业供应链协同管理体系尤为重要。这一协同管理体系要求企业统筹管理供应链全流程的供应资源，加大资源整合力度，不断充实覆盖勘察设计、咨询服务、生产制造、施工安装、运维管理等方面的供方资源，确保资源能够覆盖全产业链。特别在设计方面，企业需要充分发挥设计的龙头作用，以设计为技术核心支撑，推进装配式建筑设计，带动预制构件深化设计单位开展协同设计，实现全过程对工程项目的指导。在生产方面，构建全产业链部品供应体系是关键，以自主生产的钢结构、预制混凝土结构、模块化箱体结构等结构部品部件为核心，集成装饰装修等部品生产厂家，形成企业的完整、高效供应链协同管理体系，打造具有自主知识产权的专用体系。通过建立涵盖研发设计、部品部件生产、装配式施工建造等上下游的供应链生态集群，企业能够形成类型完备、信誉优质、能力匹配的供应商资源库，从而在激烈的市场竞争中保持领先地位。

2. 建立供应链协同管理体系运行机制

要不断提升企业供应链韧性与稳定性。建立企业供应链协同管理体系运行机制，充分运用数字化平台，发挥集中采购供应的作用，实现商务关联的风险自动识别、强制预警，从源头杜绝围标串标行为，从制度和流程上保障公平公正，优化产业链、供应链营商环境。强化与产业链、供应链相关企业的战略合作，积极培育和发展优质分供方资源，建立长期稳定、合作共赢的生态型组织结构，提升资源配置能力。加强与供应链头部企业的战略合作，从体系和制度方面进行保障，与包括建材、水泥、钢材、装饰装修、机电设备等国内头部供应商建立直采直供关系，塑强供应链稳定性。提升企业供应链生产流通效率，综合考虑部品部件生产企业的运输和服务半径，促进区域内供需双方高效对接，努力促进区域行业产能供需平衡。强化履约和信用评价机制，定期发布优质分供方名单、不良分供方名单和禁止交易企业名单，对优质供应商制定支持和优惠机制，促进供应链良性发展。

3. 建立现代建筑企业的技术创新体系

通过创新引领，发展企业核心技术，建立企业专有技术创新体系，促进企业供应链价值链升级，是现代建筑企业高质量发展的关键。企业技术创新体系的目标是形成技术链条和技术集成能力，通过技术链打通供应链，通过供应链高效运营提升价值链，进而提高企业核心竞争力。但长期以来，我国建筑企业技术创新缺乏长期的可持续迭代的目标指引，产业链供应链协同水平不高，产业"碎片化"严重，以单一技术研发应用为主，由此造成各研发主体之间协同配合不足，供应链的企业之间难以协同。比如，建筑主体结构技术体系与建筑部品技术体系的研发，都在不同的企业主体内部进行循环，相互之间缺乏系统性研究，缺乏必要的接口技术与工法，难以形成完整的建筑系统和供应链，严重地制约了企业供应链协同管理。要解决这一问题，一方面，要提高企业各类创新主体之间的协同能力，提高各主体之间的协同意愿，要以工程项目需求引导科研，在科研开发的各环节建立起多方参与的协同机制；另一方面，技术成果要持续迭代不断升级，不能像"熊瞎子劈苞米"，研发完成就束之高阁；再一方面，新一代信息技术的加速应用，意味着可用于技术创新的资源范围得到了极大的扩展，能够为企业等创新主体提供信息与技术资源的来源，已不再仅局限于专业研究机构所提供的资源。

4. 建立健全供应链协同管理体系运营组织机制

建筑企业供应链运营要实现协同高效，主要依赖于企业之间和企业内部相关部门之间的有效协同管理。而一项复杂的、系统的建筑工程项目，最主要的执行单位是总承包商，总承包企业的内部管理是确保建筑工程项目顺利执行的关键。充分运用一体化协同管理理论方法，对企业内部的组织关系、供求关系、人员关系等进行有效管理，建立科学合理的供应链协同管理运营机制。具体措施包括：科学设置部门和岗位，建立完善的组织沟通协作机制；合理确定各部门工作责任分工界面，完善相关绩效考核制度；提早制定有效的资源调度和进度计划，合理安排工程项目资源配置等。

总之，现代建筑企业管理能力和水平是直接关系到企业供应链能否协同高效的关键，是在工程项目实施过程中的重要基础和保障。要以"四个要素管理"夯实现代建筑企业供应链协同管理基础。一是加快科技要素培育。进一步提高企业科研决策话语权，鼓励以企业为主体的专用体系创新，通过技术和管理的融合创新，进一步增强企业的核心能力。二是加快分工协作要素培育。支持大型建筑企业发展总承包管理模式，发挥引领作用构建产业链上下游协作互动的产业生态圈，鼓励中小建筑企业向专业化企业转型，促进各类生产要素优化配置、合理布局。三是加大教育和人才要素培育。厚植创新沃土，重点加强企业家人才、科技领军人才、产业技能人才等"三类人才"的教育和培养，吸引和培育一大批有经验和影响力的复合型创新、创业领军人才和团队投身建筑产业发展。四是构建要素协同管理机制。通过重塑全产业链供应链一体化建造机制，破除制约要素流动的不合理障碍，优化要素配置，提升要素效率，增强人力资本提升与产业发展的协同性，形成建筑企业内部的高端要素协同发展的有效机制。通过"纵向拉通，横向融合，空间拓展"，达成资源的高效整合与配置，从而真正实现效率和效益提升的高质量发展。

5.3 工程总承包模式下的供应链协同管理

工程总承包模式下的项目实施，依赖于企业强大的资源保障，资源需求涵盖范围广泛，不仅涉及材料、产品、设备、机具、技术等资源，还涉及专业技术、专业分包、劳务分包等人力资源，以及投资、法务、咨询等方面资源。在工程总承包模式下，这些资源的需求构成了企业一个更大范围的完整的企业供应链，如何建立全面、系统、高效的供应链协同管理机制，是工程总承包项目降本、提质、增效的关键。

5.3.1　工程总承包模式与供应链管理的关联关系

1. 供应链协同管理与工程总承包模式相辅相成

目前，由于传统建筑业的生产关系和工程组织方式落后，导致企业各种要素资源分散，工程建造全过程、全产业链、各环节各自为战，供应链各环节缺乏环环相扣的对接关系，进而造成在企业供应链上具有多个主体，比如业主、设计方、供应商、专业分包商和施工承包商等，在供应链运营管理中难以形成有效协同，严重影响了工程项目的质量、效率和效益。然而，通过引入工程总承包模式并实行供应链协同管理，总承包商作为唯一的主体，且处于主导地位，既提高了工程总承包的管理能力，又可以实现对供应链上所有企业进行整体性优化决策，加强了各节点企业及部门的内外联系与协同性，将整个供应链上节点企业形成一个有机的整体。这无疑成为总承包企业获得竞争优势的新突破点，工程总承包模式为供应链协同管理提供了一种从企业全局角度来优化成本、效率、质量的途径和方法，是企业供应链管理和工程总承包管理相融合的新模式，供应链协同管理是推行工程总承包模式的最佳选择。

2. 总承包商是供应链协同管理的核心企业

在工程总承包模式下，总承包商作为整个供应链的核心企业，需要对项目建设过程进行全面协调管理，需要与业主、设计商、施工商、分包商、设备材料供应商进行沟通协调，同时在项目的建设过程中，可能会与投资商或金融机构、政府部门、律师等进行信息沟通。因此，总承包商在项目建设过程中处于整个供应链的核心地位，并对工程项目进行全面管理。在总承包商统一管理下，工程设计、采购和施工有序交叉，进行设计的同时，也展开了物资采购的前置咨询工作，以及对设计方案进行可施工性前置分析，项目设计成果最终要通过供应链的运营来实现，而供应链运营管理中发生的成本、质量和效率，也直接影响设计成果的可实现程度。总承包项目的施工安装环节的输入，主要为采购供应环节输出，项目施工安装过程需要使用采购环节获得的原材料、产品和设备以及人力资源等供给。因此，总承包商在整个供应链协同管理中起到核心作用，如图5-1所示。

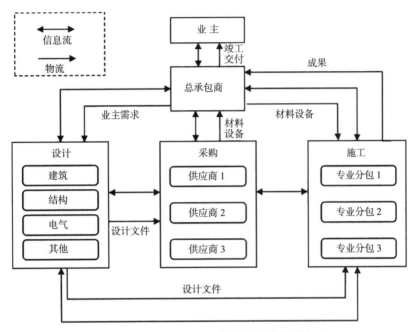

图 5-1　工程总承包模式与供应链的关联关系

3. 供应链协同管理直接影响总承包项目的目标控制

工程总承包模式的核心问题是设计、采购、施工的整合与协同，其有效性关键取决于项目实施过程中每个环节的协同效率与目标实现，尤其是采购供应在设计和施工的衔接中，起到非常重要的作用，各种材料、产品和设备的供应质量和工作效率直接影响到项目的成本控制、进度控制和质量控制等，采购与供应是实现项目计划和目标的重要枢纽，当工程项目的设计图纸最终确定后，整个项目能否盈利或盈利大小，以及工程进度和质量，几乎均取决于供应链协同管理水平。

5.3.2 工程总承包企业与供应链企业的有效协同

1. 战略层面的协同

在工程总承包模式下，供应链协同管理服务于总承包项目全过程的高效运营，工程总承包的战略目标又成为供应链上各成员企业战略行为的基本规范。在共同目标的规划和指引下，各企业战略定位和运营管理中必须做到"相互衔接，信息共享"，才能真正实现各自既定的战略发展目标。为此，工程总承包战略与供应链上各成员企业的战略，在协同管理上必须保持高度一致，这是对供应链管理中事关全局的重大核心问题的合作与协调，也是实现供应链协同管理的重要基础。

2. 信息层面的协同

信息协同是总承包模式下供应链协同管理成功与否的关键因素之一。在工程总承包模式下，数据信息将成为企业供应链协同管理的核心投入，总承包项目与供应链各环节之间既分工又合作、既独立又融合，以保证整个链条的运行达到最佳状态，这种分工合作、独立与融合是基于供应链各节点企业的数据信息流动和共享，反之，各节点企业会成为彼此孤立的、残缺的片段。供应链上的各个节点企业只有实现了高质量的数据信息传递和共享，才能使整个供应链成为真正意义上的为客户需求所驱动的供应链，保证客户需求数据信息在传递过程中不失真，不仅能够有效解决供应链中的"牛鞭效应"和虚假等问题，而且能够促进供应链上各企业之间的信用，并建立长期稳定的合作伙伴关系。

3. 业务层面的协同

所谓业务协同。就是在供应链各节点之间实现端到端的业务流程整合，使得各个合作环节的业务"对接"更加紧密，流程更加通畅，资源利用更加有效，以便快速响应客户的需求和市场变化，应对外部的挑战。面对机会与挑战，企业期望真正做到"随需应变"。在供应链协同管理环境下，利用业务协同平台，既可帮助企业实现与供应链上供应商、客户之间，也可帮助企业实现不同部门、分支机构之间的业务协作和计划协调。如通过 BIM

模型、OA 系统、信息平台等信息技术系统，实现数据的共享和基于工作流的信息传递，使得整个链上业务协调运作。

4. 标准层面的协同

标准化是供应链协同管理高效运作的前提条件。供应链各个节点企业所采用的技术、绩效评价等都不尽相同。为了做好供应链协同管理，实现节点企业间相关标准的统一十分必要，主要包括：技术标准协同和绩效标准协同。供应链协同管理的一个关键就是各节点企业的技术接口具有相互协调性和兼容性，如模数协调、施工工法、条码技术、物流标识等，同时必须使这些技术在各企业实现同步化动态管理。在供应链协同管理中，传统的企业绩效评价侧重于单一企业或单个职能部门的评价，不注重供应链整体绩效的衡量，以至于很难推动供应链整体绩效的提升。因此，建立供应链绩效评价标准显得尤为必要，这种标准应该能恰当地反映供应链整体运营状况以及上下节点企业之间的运营绩效，而不是孤立地评价某一供应商的运营绩效。这无疑会促进企业和部门之间的合作与协调，提高供应链整体绩效。

5.3.3 工程总承包模式下的企业供应链管理

1. 建立专业化社会化分工协作管理机制

无论是工程总承包模式，还是企业供应链管理，其本质上都是建立在分工协作的基础上，都需要参与各方真正做到分工有序、有效协同、合作共赢，并实现整体效率效益最大化。工程总承包模式的本质就是专业化分工协作与集成；建筑供应链是建筑企业与其他企业间的技术经济联系、供给与需求关系的具体化。建筑产业中的各类型企业，共同围绕"建筑物"这个最终产品，通过市场化运营和技术经济联系，各自从事某环节的专业化工作，从而形成了专业化、社会化的分工协作运营管理机制。

进入新型建筑工业化发展阶段，是建筑产业分工逐步深化的阶段，特别是在科技革命和产业变革的深刻影响下，企业的生产组织方式、建造技术和运营管理模式都将会发生巨大变化，供应链环节的数字化、生产组织的网络化和业务单元的模块化，使建筑企业的建造过程的组织形态不断发生质的变化，极大地促进了建筑产业由传统、粗放、分散的生产活动逐步向专业化、社会化的先进工业化大生产方式转变。在此背景下，工程总承包企业更加注重工程项目实施的协同管理能力的建设，逐步向管理型企业转型，进而将工程项目的某项具体工程外包给专业分包商，从而导致建筑产业层面分工的深化。由此建筑产业将会逐步形成大型建筑企业引领，专业化中小企业协同配合的产业发展新格局。

新的产业分工形式不同于传统的替代式的"转包挂靠""水平分工"和互补式"垂直分工"，更多的是某种渗透式的不对称分工。例如，"微笑曲线"所刻画的似乎就是这样一种分工形式，如图 5-2 所示。

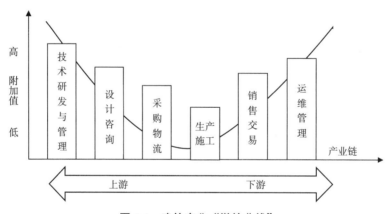

图 5-2　建筑产业"微笑曲线"

"微笑曲线"理论揭示了建筑工程建造过程中价值链的分布特征。曲线的两端，代表着工程建造的上下游环节，涵盖了研发、设计、生产、采购、物流、运营管理等多个环节。这些环节因其较高的知识和技术含量，成为差异化的主要来源，从而带来较高的附加价值。相对而言，"微笑曲线"的底部则对应了建造过程中的中游环节，主要是指施工建造，这一环节的知识和技术含量相对较低，因此成为追求低成本的主要方向，利润空间相对较窄。在这种新型建筑工业化模式下，生产性服务的角色尤为关键。它不仅是工程总承包企业利润的重要来源，更通过其作为各个专业化生产环节之间的"黏合剂"，展现了其不可或缺的价值。因此，对生产性服务的深入理解和有效利用，将是提升建筑工程价值链整体效益的重要途径。

2. 运用数字化手段赋能供应链协同管理

随着数字经济时代的来临，企业数字化转型已经成为提升企业运营管理能力和水平的重要手段，并且直接关乎企业的生存和长远发展。工程总承包企业数字化转型，是指总承包企业利用数字智能技术深入企业运营管理和业务流程，推动总承包项目和供应链的全过程管理数字化，最终实现数字技术深度赋能企业供应链、价值链和全方位协同管理。对于建筑企业供应链协同管理来说，由于长期以来，建筑产业处于"碎片化"管理，设计、生产、施工相互脱节，企业内部系统流程不能贯通、信息数据不能共享。总承包企业要实现数字化转型，客观上要求企业必须打破传统建筑业的粗放式管理情境下的路径依赖，重塑供应链、价值链体系，改变传统供应链管理逻辑和思维，驱使企业运营管理范式，如治理结构、内部协调管控、供应链协同管理等发生颠覆性创新，实现企业的组织架构、信息结构、运营机制、管理方式、研发生产过程等发生系统性重塑。

企业数字化转型是指基于使用云计算、物联网、人工智能等技术手段实现对企业的商业模式、组织管理、核心业务等进行一系列的优化重构，通过信息数字技术与管理的深度融合，赋能全要素生产效率并提升企业核心竞争力的转变过程。企业数字化转型对于运营管理的影响方式主要是赋能，赋能指的是通过数字化技术提升企业运营管理的效率，帮助企业带来运营管理的价值创新。数字技术的快速发展给工程总承包企业的供应链协同管理与应用提供了有利条件，将极大降低运营管理中组织协调成本和时间，提高组织对外部环境不确定性的应对能力和韧性。可以有效实现设计、采购、施工运营管理的深度融合，降低运营成本、增强内部控制、降低运营风险。

以企业发展战略为指引，以企业核心业务的运营管理模式为基础，将企业组织管理、业务流程、技术研发、供应链管理、生产运营等数据集成固化在一个系统平台上，形成基于互联网、大数据思维的企业数字化系统管理平台，实现数字孪生、信息共享、互联互通，是企业数字化转型的必然选择，如图 5-3 所示。

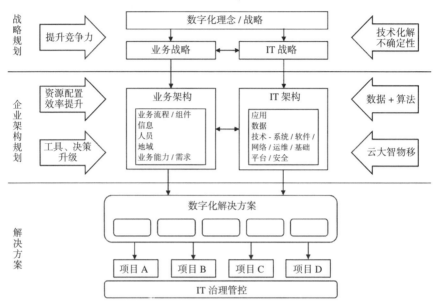

图 5-3 企业数字化管理平台架构

3. 加强总承包项目中分包分供商协同管理

在工程总承包项目的整体运营实施过程中，往往需要多家专业分包商、材料与设备供应商以及其他特殊专业商共同协作，总承包企业对分包分供商进行科学、有效的协同管理，是工程总承包项目成功实施的重要基础保障。分包、分供是相对于总包而言，是指总承包商将工程中的一项或若干项具体工程的实施或材料设备供应，分包给有该项工程专业能力或供应能力的公司完成。不是"转包挂靠"，更不是"以包代管"，而是在总承包统一协调管理下的专业化、市场化分工协作。总承包企业的核心工作就是要组织、指导、协调、管理各分包、分供商，监督分包、分供商按照总承包商制定的工程总进度计划与专业接口来完成任务，并保证工程质量和安全，使整个项目的实施能够保持有序协同、高效实施。

尽管新型建筑工业化不断推进的背景给工程项目专业分包和物资采购体系的发展提供了良好的发展机遇,然而当前我国专业分包商市场还不够成熟和规范,而且国家现行的有关工程分包管理的法规标准、政策机制已经不适应目前工程项目实施的实际需求,更不利于专业分包体系的长足发展。特别是在总承包工程实施过程中,总包合同和分包合同没有清晰体现总承包商、设计商、专业分包商、业主等各利益主体在责、权、利方面的一致性,业主指定分包商等行为时有发生,造成总承包企业的权利与责任不相称,直接影响了总承包商的管理效果。

物资采购是形成企业供应链的最核心工作,它主要受到物资设备性质、供应商、总承包商、业主等多重因素和环境的影响。事实上,物资采购工作本身也是一个项目,采购管理活动具有多专业交叉和经验积累的特征,项目的物资采购主要包括内部管理、合同管理和外部管理,在整个供应链管理中起到核心作用。为此,在工程总承包模式下,要全方位加强对供应商管理,优化物资采购流程,建立健全对供应商进行全面和持续的评估制度,除了从更高层次上与供应商建立战略伙伴关系,还要加强合同签约后的项目管理和合同执行工作,建立严格和科学的合同管控程序。

工程总承包企业要做强、做大的前提,必须摒弃"转包挂靠""以包代管"的分包分供经营模式。要完善专业分包管理机制,实行全程质量监督协调各方关系;要理清总包分包关系,明确分包定位,专业分包合同必须服务于总承包合同;要充分运用信息化、数字化手段,提高整体效益;要谨慎选择专业分包分供商,做好事前控制,不断培育和发展具有稳定的、核心能力强、价值观相同的下游分包分供商,同时也要筛选并培育一批讲大局、素质高、专业能力强的分包分供队伍,形成长期稳定的专业化分工合作运营机制。特别是机电设备、装饰装修专业公司必须严格把控、长期培育、技术互通、精诚合作;要建立专业分包管理中的风险防范机制,真正实现分包工程的风险共担、利益共享、合作双赢。

总之,在工程总承包模式下,企业的供应链在生产运营的全过程中是否协同高效,能充分反映一个企业工程总承包的基础能力和发展质量,为此,深入研究并完善企业供应链，提升供应链韧性和水平，对于现代建筑产业和企业的发展至关重要。在我国由高速增长阶段向高质量发展阶段转变的背景下，现代建筑企业迫切需要将建筑工程项目开发、设计、生产、施工、销售和运维等环节形成一个完整的有机的供应链，提升供应链的协同高效水平。通过工程总承包龙头企业带动、全产业链上的企业协同配合，进而提高企业生产效率，降低建造成本，提升建筑工程质量和品质。通过全产业链的优化配置和分工协作，突破不同产业、不同企业之间的界限，在生产经营活动中，促进形成大型产业集团引领，上下游中心企业配合的集成化一体化新格局，系统推进我国现代建筑产业高质量发展。

第 6 章

现代建筑企业典型案例

从某种程度上讲，一个国家的综合国力在很大程度上展现为该国是否有足够优秀的企业，而一个产业的核心竞争力则表现为该产业是否具有世界一流的大型龙头企业。然而，要成为具有全球竞争力的世界一流企业，必须要具有时代特色的发展模式，这种发展模式是企业在生产运营实践中，基于内外部因素的综合考量所形成的自身成长和发展的技术与管理融合的整体性结构。尤其在企业发展理念、业务结构、核心能力和产业链地位等方面都具有独特性，从而提升企业的市场竞争力、行业领导力和社会影响力。

没有最佳的企业发展模式，只有时代的企业发展模式。企业的发展模式与时代变化具有很强的契合性，任何一个企业只有跟上时代的发展步伐，才能获得生存与发展；任何一个时代最成功的企业，必然是创造了领先于时代的发展模式。当今世界，正处在工业经济时代、信息经济时代和数字经济时代的叠加。因此，企业要生存和发展，需要不断地适应时代的交替，以及新时代的政策和市场环境的变化，以满足政策和市场环境对企业发展模式提出的新要求。

为了帮助读者更加清晰地理解本书的相关内容，正确把握新型建筑工业化发展趋势，深入了解现代建筑企业管理的发展与实践，作者选择了目前国内外几家具有时代特征的大型建筑企业典型案例，供读者学习借鉴，希望能够结合本书的理论阐述，从中得到更多实践经验的启迪。

6.1　法国万喜集团

万喜集团（Vinci Group）是世界领先的建筑工程及相关服务运营企业，已有100多年的历史，总部位于法国巴黎，在总承包和特许经营业务方面具有很强的专业优势。目前是世界顶级建筑工程承包商之一，连续10年入围ENR国际承包商TOP5，在2023年ENR国际承包商250强榜单中，位居全球第一。截至2022年底，Vinci管理全球3200家分支机构，26.5万余名员工，业务遍布 120 个国家和地区。在 130 年的发展历程中，以并购整合为路径、业务集成与多元为方向、融资和项目管理能力提升为保障，打造出了"特许＋承包＝高利润＋稳增长"的商业模式，实现了从法国本土承包到全球国际一流承包商、投资运营商和服务商的升级。

1. 经营概况

万喜 2022 年营业收入达到 623 亿欧元，同比增长 25%，2000 年以来复合年增长率 7%，其中运营业务收入占比 15%；归母净利润为 42.6 亿欧元，同比增长 64%，2000 年以来复合年增长率高达 12.8%，其中运营业务净利润占比达 64%，是利润的核心来源。

万喜目前有特许经营和工程承包两大基本核心业务，特许经营业务收入占整个集团的 15% 左右，却贡献了 64% 的净利润。目前运营资产占总资产的比例稳定在 35%～40%，运营项目营业利润率 40%～50%。

2. 发展战略

（1）一体化的经营发展战略

万喜集团的工程总承包＋特许经营一体化的经营模式是其成功的关键所在，依托两大核心业务的协调互补效应，实现盈利性增长。从运营周期来看，工程总承包业务的项目周期比特许经营业务要短，能为公司发展提供规模支撑和当前收益，保持公司规模和效益的长期稳定性。从项目融资来看，工程总承包项目投资较小，持续现金流需求较大，特许经营业务前期投资较大，运营期现金流比较稳定，能满足工程总承包业务的现金流需求。从业务发展方面来看，工程总承包业务在项目本身的设计与施工上具有专业性，而特许经营业务的优势则体现在项目前期策划、融资、后期管理、运营和维护方面，特许经营与工程总承包一体化发展，为项目提供全生命周期的服务，有利于围绕项目的整体价值链，获取最大限度的利润。尤其是总承包项目和特许经营项目形成打包服务方案，实现价值链无缝对接，会产生巨大的协同效应。

（2）并购和联盟发展战略

万喜集团通过并购、战略联盟等外延方式整合产业链，获取战略资源。

在并购中，万喜集团始终坚持精心设计和选择，关注并购企业的专业能力、品牌，对自身业务市场进行延伸与扩张。2000年万喜集团前身SGE收购GTM，由于SGE与SUEZ旗下的GTM公司业务结构基本相同，容易形成协同效应，因而进行了强强合并，组建了世界领先的建筑工程集团，一跃成为世界上最大的建筑特许经营一体化的承包商。2005年，法国万喜与Eiffage成立合资公司，从法国政府手中取得了52%的ASF股权，从而使其对该公司的持股增加到78%。法国万喜通过这两次操作，增强了自身的两大核心业务工程总承包和特许经营业务的力量。2008年万喜路桥公司并购ETF，将其业务范围扩大到铁路，并于2010年并购Tarmac，从而扩大了采石场的业务范围，2011年万喜路桥公司并购了Carmacks，使得集团在欧洲市场的建材生产能力大幅提升。2010年万喜能源公司并购Cegelec，获得Cegelec在系统集成和终身维护与服务方面独一无二的专业优势，加速其国际扩张。2012年万喜收购葡萄牙ANA公司，获得葡萄牙10家机场50年的特许经营权。2017年万喜能源公司并购瑞典电力工程公司。2018年万喜收购英国第二大机场伦敦盖特威克机场，机场特许经营部的营业收入随之大幅上涨。

（3）纵向一体化和横向多元化发展战略

在纵向一体化发展战略方面，集团在各主业板块深耕细作，形成纵向一体化，向高附加值转移。在特许经营业务领域，万喜集团将业务范围扩展到服务业务领域，为客户提供运营和维修等业务；在路桥业务领域，不仅覆盖设计、建造和维护等环节，在污水处理、防水、景观美化等有技术优势，让路桥公司拥有持续不断的业务量；在能源业务领域，集团专注于数字化转型和能源转型，致力于形成高技术运营和服务一体化的模式；在建筑领域，积极利用研发成果，为客户提供解决方案，进一步巩固在专业领域的领导地位。在横向发展战略方面，万喜集团关注多元化经营、技术创新、全球化布局，集团大量的资本积累，也为横向发展战略奠定了基础。

（4）技术创新发展战略

万喜集团设立专门机构从事技术研究、技术发展和技术创新政策，主要集中在城市发展、可持续交通、环境、建筑和基础设施的能源性以及数字转型，积聚集团的力量，加速推进科技成果转化。万喜集团每年约有 5000 万欧元的科研预算，在全球范围内拥有 3300 项专利。万喜集团还设立了创新奖，每两年举办一次，旨在激发员工的创新潜力，营造集团内部的创新氛围。

（5）差异化发展战略

万喜集团以企业核心竞争力为基础，整合集团的产业链，满足客户多样化需求，挖掘老客户需求潜力，而不是盲目寻求新客户。公司致力于以客户为中心的技术创新，从满足客户需求和提升客户便利性的角度进行技术创新。如 2019 年万喜道路运营部推出交通新闻系统，在规模和数字技术的使用上类似于 BIM 高速公路管理计划。其目的是更快地为客户提供更可靠、更全面的信息。

（6）人才强企发展战略

作为服务提供商，人才是万喜集团最重要的战略资源和竞争优势。截至 2019 年年底，万喜集团在全球 120 多个国家拥有员工 22.2 万人，较 2018 年增长 5.29%。从人员结构来看，管理人员占 19.4%，非管理人员占 80.6%；从来源来看，来自欧洲的员工占 75.3%，其中来自法国的员工占 45.4%。万喜集团始终秉持"人才流失是企业做大做强之大忌，只有留住了人心，才能让企业有发展壮大之本"的宗旨。一方面，万喜集团依托人才培养中心，重点培养雇员的技术等级，以适应市场对技术复杂性的要求，从而提高劳动效率。万喜集团内设培训中心，已开发 150 多门培训课程，2019 年为 16.1 万名员工提供超过 442.3 万小时的培训，其中学员包括技术工人、部门经理等各层级。此外，培训中心与伦敦商学院、HEC 和 Sciences Po 等顶尖大学合作，为万喜高管、经理等管理层提供跨业务培训课程。在新人培养方面，万喜建筑工程公司为新员工配备导师，使其更快融入公司。万喜能源公司则经法国劳动部门的批准，成立了万喜集团能源学院，2016 年推出线上课程，为员工提供远程学习，培训内容涵盖了所有业务线，包括建筑、人力资源、IT、客户管理、交通信息和安全等。另一方面，万喜集团在世界各地的分公司，基于当地政策法规的要求，采取适宜当地的利益共享机制，以激励、利润分享和社会福利等形式，分配集团的额外利润用于惠泽员工。

3. 商业模式

法国万喜集团的商业模式主要集中在特许经营和总承包两大基本核心业务。特许经营业务是指在项目开发、融资、管理、运营等阶段提供非建筑服务（主要是建筑设计、成套工程、工程融资、项目管理等），总承包业务则指具体的工程设计、施工建造与运维的建筑服务。特许经营主要涉及高速公路、机场、其他基础设施三大细分板块，总承包业务主要包含了能源、路桥、建筑三大细分板块。

（1）组织架构方面。万喜集团的组织结构与业务密切相关，在组织管理方面，采取事业部制的扁平化架构——子公司分属不同的事业部门，各事业部享有较大的自主管理权，拥有自己的工程建造各主要环节的专业公司和工程技术人员，如土建施工、装饰装修、机电设备安装等专业化公司，并具有自行设计、采购、施工、安装和管理的能力。

（2）治理结构方面。万喜集团总部层面主要决策分工明确、责任清晰、反应快速。一是，总部管理层与董事会共同负责企业运营、战略规划、大型项目管理等；二是，总部管理层负责财务管理，董事会基本不干涉财务管理；三是，董事会负责战略方面或涉及层面较广的重大事务；四是，总部 CEO 同时担任董事会主席的职务，利于统一明确高层意见，快速对市场作出反应。

（3）特许经营方面。万喜集团利润的主要来源是特许经营业务，虽营收只占到全部业务的 15%，却为万喜集团贡献了利润总额的 64%，利润率高达 46%。高利润源于特许经营项目成熟时期时，维护施工利润、运营利润、投资分红等多方面的收益。特许经营项目的生命周期包括建设期、发展期、成熟期和资产处置四个阶段，其中在成熟期，特许经营商可以获得包括维护施工利润、运营利润、投资分红等多项收益来源。经营年限增长，固定成本摊薄，利润率水平持续上升，因此，进入成熟期的特许经营项目可以实现具有高利润率，且现金流持续的丰厚收益。

4. 成功经验

很久以前，万喜公司就提出了要做"世界上最赚钱的建筑工程承包商"

的战略目标。公司的发展策略开始从经营重点向高利润区域转移。在巩固施工业务以获取稳定收益的同时，以增强盈利能力为核心，扩大高附加值的服务范围，最大程度地获取高利润环节收益。维持长期高增长的动力来自于特许经营业务（包括项目设计、成套工程、项目融资、工程管理、BOT项目运作等）的迅速成长。

（1）稳定的发展战略。万喜集团多年来坚持承包工程＋特许经营项目集成的经营模式，通过一体化和国际化发展，使商业模式更稳健。多年来，万喜集团的建筑和特许经营业务的营业额占到集团收入的一半。特许经营业务抗周期能力，能减轻公司受宏观因素的影响，特许经营和工程承包的资产支出及现金流错配，提供稳定资金支持，维持集团的稳定运行。立足法国、深耕欧洲、逐步开拓欧洲以外的市场，通过并购，强化属地驻点经营；持续扩大"特许＋承包"模式，发展公私合营项目。

（2）高效的经营模式。万喜集团长期致力于探索并做强特许经营为核心、工程承包为协同的经营模式。前者为企业持续提供稳定收益；后者促使企业获得大量项目，促进技术和管理升级，为前者提供基础和保障。万喜集团具有较强的资源整合能力，本身是建设方、运营方和服务方，有非常强的对接政府项目方、金融方的市场运作能力。采用多元化发展战略，在能源、交通和建筑总承包等业务实现了均衡发展，并根据行业的周期及盈利性，定期进行业务调整。

（3）较强的管理能力。万喜集团具有长期稳定的管理团队、有效的协同管理流程、完善的员工激励制度、稳健的投资者分红机制。万喜重视特许经营与总承包业务的模式协同，万喜建筑子公司与特许子公司打通了全程介入项目和获取最大利润的通道，在项目周期、成本、质量方面产生协同管理的累加效应。万喜集团注重风险管理，选择风险小、利润高的项目或项目环节。传统的建筑工程运作环节利润薄、资金需求高、风险大，万喜集团的策略是退出该环节，集中在项目管理上，把低附加值的工作分包出去，从而把精力集中在项目前期策划、运作和后续经营等利润丰厚的环节上。降低项目在运营过程中的各种风险，一方面万喜集团在保持各业务独立性的基础上，公司通过执行委员会、投资委员会和协调委员会的运作，分配资源、控制风险，为业务发展提供必要的支持；另一方面，对于各地分散化经营的分布，采取扁平化的管理架构，加强内部沟通、提高管理效率。为此，集团制定了一套独特的运营管理体系，规范整个集团的管理模式，力争将不确定因素的影响降到最低。首先，通过控制资金，直接将管理延伸到各机构、各执行项目。同时，依托信息技术建立管理系统，对各分部、机构以及项目进行管理、成本控制和资金控制，从而掌握和控制整个集团的运营及财务情况。提高万喜集团的管理效率，降低经营管理成本和项目运作风险。

（4）政府支持与融资能力。万喜集团在前期运营权的获得和中后期运营管理的各个环节都与政府保持良好的关系。近年来，项目融资（BOT）或公私合营（PPP）作为私人资本参与公共工程的典型代表方式，推动了万喜集团和资本这两大力量基于共同利益的结合。经过多年的发展，已形成稳定的融资渠道，融资方式也在不断创新，通过增发股票、发行永续债、可转债等方式募集资金，形式多样的融资活动为集团的发展提供重要的支撑。2020年底，标准普尔评级为A-/A2，穆迪评级为A3/P1，企业创新发展与未来展望均为稳定。

6.2　意大利 Webuild 集团

Webuild 集团是意大利最大的综合型工程总承包企业，总部位于米兰，主要以工程总承包和特许经营模式参与水利电力、道路桥梁、铁路交通和工业与民用建筑等领域，目前活跃于全球 50 多个国家，拥有 8 万名员工，2021 年，Webuild 在国际承包商 ENR250 排名中位列第 18 位，全球承包商 ENR250 排名中位列第 67 位。

1. 发展历程

Webuild 前身可追溯到 1906 年分别由意大利 Vincenzo Lodigiani 和

Umberto Girola 创办的 Girola 公司和 Lodigiani 公司，距今已有 115 年历史，主要经历了四个发展时期。

（1）做大国内市场（1906 年~ 20 世纪 50 年代）

成立之初，将水利和交通行业确定为两大方向，经历了两次世界大战，积累了丰富的大型交通、水利等项目经验。

（2）国际化与多元化发展（20 世纪 50 年代~ 2014 年）

20 世纪 50 年代，意大利建筑市场逐渐饱和，在此背景下，积极开拓国际市场，将业务向欧洲、非洲、亚洲、美洲和大洋洲市场延伸。

（3）深耕市场阶段（2014 ~ 2019 年）

通过并购手段深耕国别市场，经营成果不断取得新突破。

（4）战略变革期（2019 年至今）

2019 年，Webuild 发起 Progetto Italia 计划，正式进入战略变革期，致力于成为意大利本土基建行业的引领者，重塑本土市场供应链、合作网，提高本土市场份额，建立更加立体多元的承包供应链条，扩大公司规模，提升盈利能力，增强参与国际承包市场的能力。

2. 主营业务

Webuild 主营业务主要包括交通基础设施、清洁水电能源、水务相关业务和绿色建筑业务四大类。

（1）交通基础设施业务：主要包括轨道交通、公路、桥梁和港口工程等，交通基础设施是 Webuild 的传统优势业务，也是最大的业务。2020 年，交通基础设施业务营收在总营收中的占比为 65%，在手订单占比为 63%。

（2）清洁水电能源：主要包括水电站、抽水蓄能电站等。Webuild 是全球水电行业的主要参与者之一，参与电力项目累计总装机容量达 52.9GW，在多个国家累计建造了 300 多座水电站。

（3）水务相关业务：主要包括海水淡化、污水处理、液压设备工程、饮用水工程、灌溉用水及水库项目等。2020 年，该业务营收占比为 7%，在手订单占比为 3%。

（4）绿色建筑业务：主要包括城市及工业建筑、机场、体育馆、医院项目等。Webuild 在生态设计和建筑系统方面拥有丰富的经验，建设的典型项目包括雅典 Stravos Niarchos 基金会文化中心、多哈 AI Bayt 体育馆项目及米兰圣多纳托米兰人 ENI 新办公大楼项目等。

3. 经营概况

（1）新签合同额：2017～2020 年，Webuild 新签合同额快速稳定增长，年平均增长率为 58.74%。2020 年，新签合同额突破 100 亿欧元（104 亿欧元）。

（2）营业收入：2017 年以来，Webuild 营收出现下滑，2018 年跌幅 14.71%，此后连续三年稳定在 53 亿～54 亿欧元之间，海外营收占比在 78% 以上。

（3）在手合同额：2019 年之前，Webuild 在手合同额介于 330 亿～370 亿欧元之间，收购阿斯塔尔迪公司后，2020 年在手合同额为 417 亿欧元。

（4）净利润：2017～2019 年，Webuild 净利润和净利率持续下滑，其中净利率由 5.1% 降低到 3.4%；2020 年，Webuild 净利润和净利率实现双增长，净利率首次超过 10%，达到 10.6%。

4. 发展战略

（1）企业愿景：展望、设计和建设一个新世界，让现在更接近于未来，全方面改善人们的生活。

（2）企业使命：致力于创新基础设施建设，实现可持续发展目标。

（3）核心价值观：追求卓越、诚实正直、互相尊重、相互信任、持续创新。

5. 商业模式

Webuild 商业模式专注于为所有的利益相关方创造价值（包括股东、投资者、客户、员工、供应商和社区），旨在通过三个独特的战略杠杆——能力与创新、集中治理和可持续性，帮助客户建立复杂的基础设施，从而有效应对社会发展趋势。

Webuild 有助于实现 11 个主要的 SDG 可持续发展目标，并长期致力于为社区创造社会价值，为地方创造环境价值，为股东和投资者创造经济价值。

Webuild 在开展任何经营活动过程中都将"5P"作为首要目标，分别是

People、Planet、Progress、Partnership、Prosperity——人类、星球、进步、伙伴、繁荣。制定"5P"的发展目标以及妥善处理其相互关系是 Webuild 践行企业愿景和企业使命的重要准则。

（1）可持续增长的创新和竞争力

创新是 Webuild 的发展战略之一，Webuild 始终坚持为人类建设一个可持续发展的未来世界。集团的每一处公司地点都是一个实验室，长期改进和更新过程控制、机械和材料、设计和加工等方面。Webuild 在 2017～2021 年投入研发资金累计超过 1 亿欧元，提出创新解决方案 101 个。

创新不仅稳固了 Webuild 在建筑行业的领先地位，同时对世界可持续发展目标作出超大的贡献。Webuild 采用"可持续建筑工地"模式，为环境、建筑工人和社区的全方面保护提供创新解决方案，例如使用混合动力汽车、使用可再生能源为建筑工地供电、实施人工智能传感器等。

（2）严选优质合作伙伴和供应商

Webuild 在选择合作伙伴和供应商方面有着严格的标准：

在质量管理方面，供应商需采用并实施符合国际标准 ISO 9001：2015（或类似）的质量管理体系；

在健康安全方面，供应商需采用并实施符合国际标准 ISO 45001：2020（或类似）的职业健康与安全管理体系；

在环境保护方面，供应商需尊重当地环境，使用可回收产品或对环境危害较小的产品，优先选择当地产品，支持区域经济，全方面支持绿色经济和可持续发展体系。

（3）把建筑当作一种仪式

在 Webuild 眼中，建筑是一种仪式，每一次建设的过程都应充满激情。每一位 Webuild 的员工都为共同的目标而工作，每一座桥梁、每一条道路、每一个铁路和地铁轨道，以及每一座大坝、机场，都能看到 Webuild 的热情并感觉到建筑的仪式感。充满热爱是 Webuild 的发展宗旨。

（4）将人才作为企业核心

Webuild 相信年轻人才，目前已与超过 15 所大学合作，包括意大利的高等院校以及全球知名学校——悉尼科技大学、墨尔本大学、巴黎土木工程学院等，Webuild 为学生推出培训计划、奖学金和各种活动方案，帮助学生制定职业发展规划，并提供工作机会。联合研究实验室 UniWeLab 诞生于 2021 年，是 Webuild 和热那亚大学联合成立的研究型实验室，实验室旨在积极开发创新理念以促进可持续交通，致力于在土木和环境工程、建筑、机械、管理和运输工程等专业方面进行研究和创新。

（5）独特的品牌战略

Webuild 于 2020 年正式更名，并确立了新的品牌战略。Webuild 口号是"Bigger，Stronger and Ready to Serve the Nation"（更大、更强、为国家服务）。Webuild 集团品牌定位清晰地从它的名称中呈现出来——"We"将企业核心定义为"我们"，因为每一位员工的参与，才能铸就新的成绩，体现了企业的凝聚力和感召力；"Build"将集团的发展使命注入其名称中，时刻提醒每一位参与者企业的业务领域，用"建设"这个词语不断唤醒参与者的 DNA，体现了 Webuild 对大众的承诺。

6. 成功经验

（1）发展战略清晰，打造核心能力。坚持"稳国内市场、强海外市场"的发展战略，在本土推出"意大利项目"，推动意大利国内基建市场升温；整合意大利国内建筑资源，搭建供应链，重塑在国际市场的竞争力和引领力。

（2）本土发展战略，强化管理能力。海外项目员工本地化率平均达82%，在美洲及非洲甚至超过 95%；物资采购方面，2020 年项目平均本地采购率达到了 91%；通过与当地企业组建联合体的合作形式参与项目开发与执行，并围绕公司管理和项目管理，梳理核心流程，落实重点管控内容，不断提升运营管理能力。

（3）通过资产收购，优化资源配置。实施一系列资产收购、整合和剥离，通过处置非核心业务获得大量现金来强化主营业务，优化资源配置。

（4）聚焦优势国别，降低企业风险。Webuild 主要聚焦低风险国别，如欧美市场和中东政治稳定、经济发展较好的国家，并组建风险管理部门、建立风险管理机制和反腐败机构等，有效规避各类风险。

6.3　日本大成建设

大成建设株式会社（以下简称"大成建设"）是日本五大综合工程承包商之一，也是世界上最大的工程承包商之一，已有 140 多年历史。大成建设成立于 1873 年，总部位于日本东京都新宿区，主要从事建筑工程投资、开发、设计、施工、咨询服务和管理等业务。大成建设是以大型建筑工程总承包业务为核心，外延联结着若干中小型子企业和关联公司的企业集团，在建筑领域拥有丰富的总承包经验和技术，业务范围涵盖住宅、商业、办公、医疗、教育、文化和体育等领域。工程建设主要由核心企业（母公司）作为总承包主体，始终保持大型化、集约化的组织架构，拥有一支高素质的专业团队，能够为客户提供全方位的建筑服务。作为世界一流的土木工程企业，其技术设备先进，工程建设量大，管理现代化，产业多元化，在多年海外经营过程中，形成了以技术与管理一体化为核心的竞争优势。

1. 经营概况

2019 年，日本大成建设集团营业收入 16770 亿日元，营业利润 1609.92 亿日元，营业利润率达 9.6%。按照 2019 年的数据，在 175130 亿元的净销售额中，建筑施工占 66.7%，土木工程占 26.2%，房地产开发占 6.4%，其他业务占 0.7%。截至 2020 年 3 月 31 日，现有在职员工人数 8507 人。除在日本国内开展业务外，大成建设在亚洲、欧洲、美洲等多个国家和地区设立了分支机构，拓展国际业务。在 2023 年 ENR250 国际承包商中，排名第 34 名。

2. 发展战略

（1）发展理念

大成建设按照"为全社会创造充满活力的环境"的理念，以环境可持续的方式寻求创造具有特殊价值的、安全和有吸引力的空间，并创建一个充满希望和梦想的全球社区，造福子孙后代。大成建设致力于推动建筑行业的可持续发展，注重环保和节能，积极探索新建筑技术和材料，为客户提供更加环保、节能、舒适的建筑产品和服务。秉承"以人为本、诚信守约、追求卓越"的核心价值观，不断提升自身的竞争力和服务水平，为客户创造更大的价值。

（2）大成精神

企业文化：大成建设长期培育、积累并形成了具有积极、透明的企业文化，使所有高级职员和员工都能发挥最大的潜力。

价值创造：大成建设认真考虑客户的需求，并利用其掌握的所有技术和专有技术，以及对创新和独创性的热情，力求构建出创新而有价值的工程和激发并打动客户的项目。

行为准则：大成建设站在社会整体管理的视角，以迅速、适当、公正和透明的方式进行业务的管理和决策，以便用可持续发展和对社会负责的方式继续发展。通过实施节能措施和"3R"政策（减少、再利用和回收利用）来减轻环境负担，并推广有助于创造新环境的技术和思想。

3. 组织管理

大成建设组织管理是典型的"强总部"运营模式，最核心的两大机构是市场营销总本部和建筑工程总本部，分别负责建筑市场与运营业务和建筑工程施工管理业务，承担综合管理职能。在集团总部除少数综合管理部门以外，其他的部门都是围绕工程本身而设置的，这使总部集中了前期经营、设计、采购、资金、技术、质量、项目控制、人力资源、用户服务、专业保障等诸多功能。而且，总部在这些方面的能力，代表着公司的最高水平。

在组织结构上主要采用总部主导型的"本部式"事业部制管理，即公司总部设置本部级别的事业部（也称事业本部）作为总部的职能部门，同时事业本部又根据相关产业、产品或区域设置不同的事业部或支店，下属各地区支店管理部门和作业所（即项目经理部）进行项目施工。在作业所，管理部门按照总部的管理规定实施和控制施工现场的各项管理工作，完成施工作业。即形成公司总部（事业本部）—支店（分公司）—作业所（项目部）

的三级组织结构模式，其组织结构构架如图 6-1 所示。

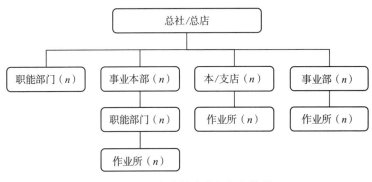

图 6-1　日本建筑企业组织架构图

由此可见，日本大成公司采用了一种相对合理的集权和分权相结合的管理方式，层级很少，其组织结构主要有以下三个特点：

（1）总部集约化管控能力强。大成建设采取区域化经营与集约化管理模式非常明显，总部的管理作用和力度能够全面控制项目层面，确保了经济管理目标的实现。

（2）总部的协同管理能力强。在建筑工程要素的组织管理上，主要由总部统一负责协同，总部各部门对与工程项目有关的各环节运行、各要素资源配置，都能给予全方位的支援和控制，尤其是设计环节总部必须要全过程参与管控。

（3）作业所执行管理能力强。作业所（项目经理部）主要负责按照总部的有关规定实施和控制工程现场的管理工作，自身控制能力非常强，作业所对工程现场的所有管理控制，都处在总部相关规定的范围之内。

可以说，日本大成公司的项目，不管在哪里、有任何问题，只要一线人员能将相关情况清楚、准确、迅速地传达至总部，总部就有能力给出相应的解决思路。每个项目组就像神经单元的感应器，而总部就像大脑，能迅速发出指令，解决一线的问题。总部的这种组织智商来自于总部的组织模式、优势的人力资源等，而且，由于总部每天都在处理来自一线的各类问题，也在解决问题的过程中积累了丰富的经验，能力不断提升。

4. 经营管理

日本大成建设是日本乃至世界闻名的建筑公司，参与过多数世界各地知名建筑的设计与管理。经过100多年的业务积累和管理总结，公司在经营管理、资金管理、总承包管理、项目管理等六个方面持续改造升级，打造了一套具有大成特色的标准化管理体系。

（1）在经营管理方面：大成建设实行市场经营和项目管理分开的做法，市场经营人员约占公司总人数的10%，运作模式为各支店市场人员在各自区域获得项目信息后报备给总部，由总部指派市场经营人员进行经营工作，拿到项目后，交由各作业所进行施工。

（2）在资金管理方面：大成建设总部财务部主责全公司的资金和损益管理工作，各支店负责辖区内的资金和损益管理工作。最值得关注的一点是，大成建设尤其注重资金计划的编制和调整的频率，既有年度资金计划，又有短期资金计划，每月的资金计划分两次编制，前半个月为初步资金计划，后半个月为修正资金计划。高频率的资金计划修正可以有效地应对经济环境波动较大的情况，保障公司资金平稳运行。

（3）在损益管理方面：大成建设从目标管理和工程月报管理两方面进行损益管理。目标管理方面，公司总部会在每年2月份确定各项经营目标，并由各支店将目标拆解为短期目标，然后每年8月份进行半年汇总，同时编制调整短期目标。工程月报管理方面，各作业所所长负责按照工程科目进行工程损益管理，每月将计算出的最新计划利润上报支店管理部门，总部负责汇总数据并与工程中标时根据报价测算的计划利润、工程开始施工后根据工程内容变化精确计算出的计划利润进行比对，如果出入较大，总部协助支店及时检查原因并作出调整。

（4）在信息化管理方面：大成建设的各项管理工作，均是基于大成建设开发的 G-NET 网络管理平台上的信息化管理，大成建设及关联企业的4000多家公司均通过这个网络与大成建设本部进行信息传递。大成建设将信息化管理应用于公司管理的各个方面，极大地提升了公司的管理效率。

（5）在总承包管理方面：大成建设经过长达 100 多年的探索和积累，形成了具有大成特色的项目总承包管理模式。在设计端，公司开发的设计系统非常先进，能够为任何项目提供全面的设计咨询服务；在施工端，大成建设总部通过其信息化的管理平台在项目管理模式策划、物资管理、技术管理、资金管理等各个方面对项目实施进行全方位的支援和控制，确保总承包管理的标准化。正是基于这样的高水平管理，即使是以联合体的形式参与总承包项目，大成建设往往都能占据主导地位，让合作伙伴遵循自己的管理模式。

（6）在项目管理方面：大成建设总部各部门对与项目有关的经营、设计、采购、技术、安全、环境、预算和资金管理工作制订了完善的管理制度，除大型项目要设立专职的安全员以外，项目安全管理工作均由总部和各支店负责；物资采购有总部强大的集采体系支撑；分包由公司总部建立分包资源库统一管理，作业所有推荐权；技术方案主要由公司技术中心编制后，交各作业所执行；资金管理统一归口总部管理。这种管理模式一方面保证了作业所全身心投入于现场的履约工作，另一方面，通过总部强大的管理体系支撑，实现对各类资源的全面协调、控制、分配、使用。

5. 成功经验

（1）强大的能力建设能力

大成建设无论在战略、组织、运营、财务、人力资源等方面，还是在公司运营过程中都积累了丰富的基本经验，尤其是其能力建设方面。日本建筑业素有"政治的鹿岛、技术的清水、能力的大成"的说法，可见在日本乃至全世界，大成建设在能力塑造方面具有突出的表现。

1）依托现代化管理，打造精练高效的工作团队。2019 年，大成建设的产值为 16770 亿日元，员工数量却只有 8000 多人，这说明其具有规模大、人员少、效率高的特点。平均 7000 万元人民币的工程，只派 1 ~ 2 个项目主管，背后所依托的是现代化的管理，以管理出效益。比如在大成建设的团队中，劳动力主张用菲律宾人，会英语，价格便宜；索赔主张用英国人，工作严谨，法律意识强。

2）设有先进技术中心，打造强大的技术研发能力。大成建设的背后是强有力的技术研发实力，设有专门的先进技术中心，成立于1958年，位于神奈川县横滨市户冢区纳濑町344-1。秉承技术创造价值的理念，涵盖建筑、环境、能源、材料、机器人等13个实验室，分别设置在14栋单体建筑中。其中人与空间实验室（ZEB实证楼）位于大成建设技术中心内，作为大成建设积极应对城市ZEB课题的挑战，于2014年竣工并开始运营的试点建筑物。地上四层，总建筑面积1277平方米，由大成建设设计与施工建设。以实现建筑物的极限ZEB方式为目标，在活力空间布置、高效设备使用、再生能源利用、智能运维管控、舒适健康生活方式等方面持续尝试和验证。建筑、设备融合设计优势显著，竣工后第1年即实现能源收支平衡，成为日本国内首次实现"零能耗"的建筑物单体（图6-2）。

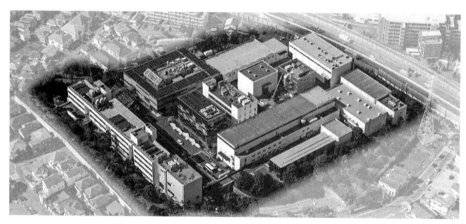

图6-2　大成建设技术中心13个实验室俯视图

3）建立信息化管理平台，赋能企业数字化协同管理。早在20多年前大成建设就开始致力于信息化建设，经过长期的努力和积累，大成建设建立起来完善的信息化管理平台。大成建设的各项管理工作，均是基于大成建设开发的G-NET网络管理平台上的信息化管理。4000多家关联企业均通过这个网络平台与大成建设本部进行信息传递，通过网络平台，大成建设本部可以实时掌握各支店及关联企业的生产经营情况和工程项目的技术及资金管理情况等，对各个作业所和关联公司实施资金管理、损益管理、技术管理、技术方案、设计服务、物资供应管理、总承包与分包选择管理等。

（2）以专业化能力促公司成长

大成建设通过专业化的方式创造了一个能够不断吸收各个"枝叶"养分供应的"主干"，使得企业综合能力不断增长。特色鲜明的组织管理模式贯穿于大成建设的专业化发展的全过程、全产业链。

1）业务发展专业化。在开发业务方面，母公司与子公司、关联公司基本各自开展开发业务。子公司、关大成母公司进行大规模不动产的开发、出售以及租赁，子公司更倾向于民用住宅或零散住宅的开发、出售和出租。在建筑土木施工和开发以外的业务领域，母公司只附带性地进行一些委托研究、技术提供和测绘等业务。

2）管理流程运作专业化。大成建设的项目都是公司直营，公司总部负责主导，拥有非常强的管理和支持能力，分公司和项目施工队伍精干。在大成建设的项目管理体系中，项目部管理人员由公司派遣，公司对项目部实施目标管理和预算管理，项目部只负责一般性的日常生产管理，经营风险、材料采购、工艺设计和预算决算等职能都由总部的其他相关部门负责实施。通过这种管理体系，实现关键环节上的规模效益，提升公司在这些关键环节上的学习效率，同时加强对项目的控制能力，真正将员工的个人能力与企业的能力紧紧结合在一起。

（3）打造有影响力的品牌效益

通过有影响力的大工程建设，保证企业的经济和品牌效益。通常来说，业主和投资者最看重的就是施工企业以往的业绩，以及以往所建成项目的社会反响和质量标准。大成建设通过不断地承建大规模、高难度并且富有影响力的工程项目开拓市场，是大成建设的重要经营策略，也是它能不断提高自身管理、业务水平以及行业地位，取得高于一般竞争对手的经济、品牌效益，并最终成为世界一流的建筑企业的重要原因。

（一）世界一流的建筑资质。就资质而言，大成建设能够承揽各种类型的土木工程建设，并具有相应的资质能力。

（二）有影响力的工程建设。一连串的大型品牌工程构成了大成建设的历史足迹：东京湾新海面地盘改良工程、鹿鸣馆项目、羽田国际机场、横滨路标大厦、东京国际会议中心、东海道新干线等，一系列大型的富有影响力的工程给大成建设带来了差异化竞争优势，同时提高了行业的影响力和市场地位。

（4）战略性的企业文化建设

优秀的企业文化建设一直是日本企业的最突出特点之一，大成建设在这方面做得尤其出色。战略性地推进企业文化建设，是大成建设历经130多年屹立不倒，并且越做越大、越做越强的原因之一。

在大成建设看来，获取利润并不是企业的最终目标。在企业文化建设中，大成建设强调将社会责任、企业使命和员工利益紧密结合在一起。

大成建设在宣传产品的同时也在经营"文化"，非常重视产品和企业形象的宣传，对多项文化项目进行投资和支持，如为约翰·列农建造纪念馆，利用现代科技还原古代城市、捐赠支持环保组织等。这些投资不仅提升了企业的社会影响力，更重要的是为企业发展提供新的动力。

6. 对于建筑企业的启示

大成建设通过对公司管理的各个领域进行精细化和信息化改造提升，将公司总部打造成为一个标准化管理的输出平台，不管是公司旗下作业所的项目管理人员，还是总承包项目中的联合体合作伙伴，都可以按照大成建设总部的管理方式对项目进行标准化管理，真正体现总部的管理作用和管理力度。为此，加强总部各项能力建设，打造标准化管理平台，提升项目履约质量也可以帮助企业实现平台化经营，降低经营成本和风险。

在当今竞争白热化的外部环境下，建筑企业要积极思考如何充分整合内外部资源，将企业打造成工程综合服务平台或管理输出平台，提升企业自身竞争力。笔者认为，如果企业自身资金实力较强，且在各价值链板块已经具有相当的资源数量，则可以考虑针对价值链板块进行延伸，将企业打造成综合工程服务的提供商。然而对于大多数资金实力较弱，各项管理体系尚未健全的建筑企业，从企业内部资源着手做"强"总部，重视信息化平台建设，建设项目管理标准化体系，向自营项目和合作项目输出管理，降低经营成本和风险是一条更为实际的发展道路。

6.4　中建科技集团有限公司

进入新时代，中建集团作为现代建筑产业的大型龙头企业，提出了"一创五强"的战略目标，瞄准我国新型建筑工业化发展的新趋势，敏锐地抓住新时代发展的新机遇，大力推进中建蓝海战略。2015 年专门成立了中建科技集团有限公司（以下简称"中建科技"），赋予了中建科技开展新型建筑工业化业务的重任，要求深度聚焦工业化建造、绿色建造、智能建造等创新领域，走出一条不同于传统建筑企业发展模式的差异化之路，探索中国建筑未来发展的新理念、新技术、新模式和新路径，并通过中建科技的探索和实践，以点带面，引领和带动中建集团乃至全国的新型建筑工业化发展。

在短短的 8 年时间里，中建科技不负厚望，已经成为我国新型建筑工业化的领军企业，获得了一系列成功的经验和业绩。本书以中建科技为典型案例，从技术与管理创新两个维度，以企业组织结构、发展模式及运行机制为重点，与广大读者共同分享中建科技在构建现代建筑企业管理上的探索与实践，以及对走新型建筑工业化道路的思考，希望可以与各位业界同仁共同探讨，从中发现经验、找出问题、完善提升，共同推进我国新型建筑工业化发展。

1. 发展概况

（1）基本情况

中建科技成立于 2015 年 4 月，是中建集团专门为发展新型建筑工业化而成立的科技型企业，是中建集团开展科技创新与实践的技术平台、投资平台、产业平台，深度聚焦工业化建造、绿色建造、智能建造等创新领域。目前企业拥有员工 3000 余人，所属控股的预制构件生产基地 10 个，推动区域资源整合，打造全要素的"四大区域公司"，业务范围遍及华北、华东、华南、西部等区域近 20 个省、直辖市。组建中国首个装配式建筑领域院士专家工作站、中国首家装配式建筑设计研究院，设立大师工作室，拥有大师、一流科技领军人才和创新团队，具有建筑工程施工总承包特级资质和建筑行业甲级设计资质，连续三年获国务院国资委"科改示范企业"标杆。

（2）成立背景

进入新时代，中建集团作为建筑业的央企领军企业、世界最大的投资建设集团，既面临着国家对建筑业转型升级与高质量发展的新要求，又面临着我国建筑工业化蓬勃发展的新挑战，中建集团审时度势、登高望远，找准所处的时代方位，确立了发展新型建筑工业化业务的目标航向，寻求新的发展路径，以此实现企业的创新发展，更好地引领未来。

中建集团高瞻远瞩、深谋远虑，深知走新型建筑工业化道路是建造方式的重大变革，是具有革命性、创新性和引领性的重大任务，不能在传统业务板块上修修补补或一哄而上，必须摆脱传统路径的依赖、挣脱利益链的束缚，要轻装上阵，在一张白纸上绘就最美的蓝图。要建立一个全新的专业化、工业化并具有工程总承包能力的科技型企业，通过这个企业的先行探索和实践，以点带面，引领和带动全集团乃至全行业的发展。为此，早在 2014 年初，中建集团党组就决定，注资 20 亿元专门成立中建科技集团有限公司，吹响了向新型建筑工业化进军的号角。

（3）发展状况

8 年来，中建科技从零起步，肩负着中建集团赋予开展新型建筑工业化的重任和期望，面临着建筑业转型升级与高质量发展的新形势，面对着全国建筑工业化和装配式建筑蓬勃发展的新局面，敢为人先、善作善成，把创新基因和创新文化根植于新兴企业的血脉和灵魂，闯出了一条以创新引领创业、以创业支持创新的科技兴企之路。

中建科技始终坚守"科技型企业"本色，以工业化为基础、以智能化为手段、以绿色化为目标、以产品化为载体，深度聚焦新型建筑工业化主责主业，构建以工业化智能建造为基础，以模块化业务、低碳城业务、投资业务为延伸的"1+3"业务布局,深度服务京津冀、长三角、粤港澳大湾区、成渝双城经济圈国家重点战略区域,积极参与共建"一带一路"高质量发展,为客户提供建筑工业化全产业链绿色建筑产品,为低碳城市建设管理运营提供系统解决方案,致力成为未来城市建设发展好伙伴。

中建科技经过 8 年多的努力探索和深入实践,创造性地提出并全面推行"三个一体化"的经营理念、"四个标准化"的设计方法和"REMPC 五位一体"的工程总承包发展模式。在建造方式上基本实现了从现场作业向工厂制造转变、从现场湿作业向施工装配化转变、从施工分包向工程总承包转变,这是中建科技在工程实践中相对传统建造方式实现的三个根本性转变。在企业运营管理上,采用现代企业组织结构,差异化发展战略,平台型企业模式,通过科技引领、设计主导与工程建设全产业链的贯穿衔接,着力提升了企业工程总承包能力和产业链的协同高效水平。

为创新而生的中建科技,通过广泛吸收世界建筑工业化领域的先进技术与管理经验,虚心向国内外优秀企业学习借鉴,在独立自主的基础上,开放合作地发展了领先的核心技术体系,形成了具有自主知识产权的科研、设计、制造、施工、运营一体化全产业链运营管理体系,在全国范围内率先采用 REMPC 工程总承包模式,倾力建造了深圳裕景幸福家园、深圳坪山会展中心、深圳坪山学校、北京蓝领公寓、徐州园博园等多个装配式建筑工程项目,以及全国在建最大的装配式建筑社区——深圳长圳公共租赁住房的标杆项目。目前,中建科技已经发展成为我国新型建筑工业化领域的领航者,正在以一往无前的精神和不懈追求,致力于成为建筑工业化领域最具国际竞争力的投资建设集团。

2. 中建科技发展模式和启示

（1）新时代创新的发展理念

中建科技基于多年对新型建筑工业化的深入理解和不懈追求,创造性地提出以"建筑"为最终产品,全面推行"三个一体化"建造方式的经营发展理念。即在工程建造的生产经营活动中,要从系统性设计的角度,推行建筑、结构、机电、内装一体化;从工业化建造的角度,推行设计、制造、装配一体化；从生产方式的角度，推行技术、管理、市场一体化。这种一体化的建造方式，是建立在以"建筑"为最终产品的发展理念之上，以实现工程项目整体品质、效率、效益最大化为经营目标，具有工业制造的特征，是发展观的深刻变革。一体化的建造过程是一个产品生产的系统流程，要通过建筑师对建造全过程的控制，采用工业化的设计思维和方法，进而实现工程建造的标准化、一体化、工业化和高度组织化。

（2）差异化发展的经营战略

中建科技成立之初，就确立了差异化发展的经营战略。这种差异化发展主要是区别于中建集团内部各工程局以施工总承包为主的发展模式，避免同质化竞争，形成新的差异化的发展经营业态。主要体现在：在经营目标上要实现工程项目的整体品质、效率、效益最大化；在业务结构上要实现纵向一体化、横向多元化；在核心能力上要打造技术产品的集成能力和组织管理的协同能力并具有独特性；在业务模式上以 EPC 工程总承包项目为主营业务，聚焦绿色建筑、装配式建筑、模块化建筑、智慧建筑、绿色建筑产业园和新能源等绿色环保建筑领域。长期以来，中国建筑主要以传统房建的施工总包为主，一直存在业务结构单一、发展方式单一、子企业同质化竞争严重等问题。中建科技的差异化发展战略，一方面是为了区别于中建各工程局的传统经营模式，避免同质化竞争和相似发展；另一方面就是要通过中建科技的努力和实践，为中建集团探索出一条具有全球竞争力的世界一流企业的发展路径和发展模式。

（3）多元化发展的经营战略

中建科技始终以工程总承包的核心业务为基础，以模块化业务、低碳城业务、投资业务为延伸的"1+3"业务布局，坚持多元化发展战略。中建科技以工业化建造方式为牵引，深度锚定"智力＋资本""产品＋服务"的商业模式，聚焦城市建设品质升级和建筑"双碳"创新发展，联合行业顶尖高校、属地政府机构，通过以城市深耕为核心，以攻关核心技术、集聚绿色产业、打造示范场景为载体的"三位一体"合作模式。

中建科技作为建筑工业化的先行者和引领者，着力打造绿色建造、智能建造原创技术策源地。中建科技旗下子公司中建集成科技有限公司为模块化业务实施主体，获评国家高新技术企业和"专精特新"企业认定。中建集成锚定产品化企业定位，以科技创新推动产品革新，以先进制造支撑产品品质，创新模块化产品应用场景，拥有华南（深汕）模块化智能制造工厂——配有国内智能化水平最高的模块化产品生产线，构建一体多元的"模块化 +"营销体系，研发实施人居、公建、设施、特需四大系列产品，通过投资、研发、规划、设计、制造、建造、租售、运维，为客户提供功能多样、灵活性强、低碳环保的模块化产品。

（4）现代企业的组织形态

中建科技创建之初，就高度重视企业组织结构的建设，努力打造符合产业特点和时代要求的现代企业形态。中建科技没有采用教条、单一的组织结构，而是根据中建集团制定的科技型企业发展战略目标和定位，紧紧围绕发展新型建筑工业化的核心业务，综合考虑企业战略、企业环境、企业规模、业务特点、技术水平、信息化发展水平等因素，采取灵活的策略，通过不同组织模式的组合应用与创新，建立具有时代特征的符合自身特色的现代企业组织结构。

中建科技创造性地采用了一种直线职能制、事业部制与矩阵制融合发展的组织结构模式，即常规职能采用直线职能制，子企业管理采用准事业部制，而工程项目管理采用矩阵制的集权、分权相结合的管理体制。具体做法主要是，强化总部的协调管理职能，减少职能层级，保证内部资源配置效率最佳。通过总部设计院与科研中心等职能人员的派出，深度参与项目组工作，实现了突破企业内部纵向和横向边界，跨部门、同级化、系统性协作与资源共享。此模式已经逐渐演变为中建科技所独有的集团层级化、分层扁平化、核心能力矩阵化的组织管理模式，很好地契合了企业的特点，实现了效率提升、协同配合、资源共享、成本降低、人才培养、活力激发的有机统一的现代企业的组织形态。

（5）产业链贯通的研发设计

中建科技始终坚持以市场需求为导向，以"建筑"为最终产品的经营理念，注重研发与设计贯穿工程项目建设的生产活动全过程、全产业链。多年来，积极开展针对性的技术研发工作，要求技术研发成果必须要与工程建设项目有机结合，必须形成技术系统集成应用。通过技术研发和工程实践，目前已建立了企业十大结构技术体系：包括装配式剪力墙高层住宅体系、全装配式多低层住宅体系、PC 框架体系、PS 结构体系、预应力结构体系、钢混结构体系、模块化结构体系、主次框架结构体系、交错桁架结构体系、内浇外挂结构体系。

工程项目是一个系统工程，研发、设计、采购和施工各阶段有紧密的内在联系和协调规律，能否合理地组织各阶段的对接关系，直接关系到工程项目的质量品质、效率效益。中建科技充分发挥设计在工程建造活动中的主导作用，专门制定有关建筑设计的管理流程，具体界定业主、总包、分包、设计方等行为规则和责任界面以及效益分配机制，使深化设计的管理有序进行，并充分调动了设计人员在工程建设全过程参与的积极性和主动性。

（6）系统性集成的专有技术

企业专有技术是以技术、管理为基本内核，是企业将生产活动的资源与能力系统集合，形成适合企业特有的生产运营与管理体系，是企业的核心竞争力的具体体现。中建科技经过多年的探索和实践，初步形成了"技术体系、设计方法、制造工艺、施工工法、工程管理"于一体的专有技术体系和新型建造方式。通过技术研发，形成了高品质、高效率的技术产品体系；通过建筑设计的主导，打造了技术集成与协同高效的新型建造方式；通过技术与管理及资源的有机结合，不断完善了中建科技所特有的运营管理体系，最终形成了难以复制的企业专用体系。这是中建科技运营管理与创新发展的内在逻辑，并以此形成了企业的核心竞争力。

目前已经基本掌握并广泛应用的专有技术主要包括：装配式高层住宅、装配式低多层住宅、装配式学校、典型预制构件工厂、多高层装配式办公楼、装配式医院、装配式超低能耗建筑、集成建筑防疫医院、集成建筑市政设施、集成建筑工地临建。通过建造方式与管理体系的系统整合，形成了独具中建科技特色的企业专用体系，为企业带来真正的效益，也进一步强化了企业的差异化竞争优势。

（7）工厂化生产的产业基地

工厂化生产是工业化建造方式的显著特征，是企业技术研发和生产的重要载体，是采用工程总承包模式的关键环节。为此，中建科技明确地认识到，要走新型建筑工业化道路，就必须投资建设预制构件生产基地，掌握预制构件生产技术和工艺，这样才能打通产业链，才能真正形成自己的专有技术体系。然而，要实现工厂化生产需要大量的资金投资建厂，需要专门的人才生产经营，需要向工业制造方向转型，这对于长期以施工承包为主的中建集团来讲，可以说是一个全新的课题和挑战。中建科技迎难而上，通过深入调研和广泛学习，在短短 8 年的时间里，在全国布局的区域公司范围内投资建设了 10 个预制构件生产基地，主要用于支撑区域公司的市场经营和项目实施。

目前，各区域的预制构件生产基地正逐步向全国自动化程度最高、生产工艺最先进、产品质量最优、厂区环境最美的现代化工厂的目标迈进。在工厂的经营管理方面，中建科技大力推行工厂"四化"管理和 7S 管理，全面推行工厂生产的工艺精益化、成本精细化、管理信息化和质量可溯化。在预制构件的产品类型方面，保证构件门类基本齐全，满足工程项目的需求。随着工厂建设和生产运营步入正常轨道，各区域的预制构件生产基地目前已进入全面生产质量、工艺、效率和效益提升阶段，中建科技将努力打造我国的标杆工厂，引领并支撑我国新型建筑工业化发展。

（8）一体化建造的总包模式

中建科技结合自身的科研、设计、制造以及管理优势，大力推行"五位一体"的 REMPC 工程总承包模式，即实施"研发＋设计＋制造＋采购＋施工装配（管理）"的一体化建造模式，实现在"技术、管理、市场"三个层面上的同频共振，全面发挥装配式建筑一体化建造的优势。中建科技采用的一体化建造的工程总承包管理模式，不仅是企业技术创新发展的环境、动力和源泉，也是工程项目在实施过程中的重要基础和保障，而且也是保证工程建设的质量、效率和效益的关键。

中建科技"五位一体"的工程总承包模式，主要是建立了对整个工程项目实行整体策划、全面部署、协同运营的承包管理体系。这种具有一体化建造特征的总承包模式，有助于建筑企业实现规模化发展，能够实现做大做强的目标，具备和掌握与工程规模相适应的条件和能力，扩大规模优势；有助于激励企业拥有核心技术，生产出核心产品，为企业赢得超额利润，扩大技术优势；有助于企业形成具有自己特色的管理模式，整合优化整个产业链上的资源，解决设计、制作、施工一体化问题，充分发挥企业活力，扩大管理优势。中建科技坚定地推行工程总承包模式，经过多年的努力实践，使企业的核心技术体系、项目管理体系和信息化管理平台的应用水平得到了大幅度提升，进一步提高了企业核心能力。

（9）信息化管理的企业平台

信息化、数字化是企业现代化管理的重要手段，是企业将运营管理逻辑与信息互联技术的深度融合，进而实现工程管理精细化和高度组织化。中建科技坚持以信息化、数字化为支撑，不断提升设计的协同建造优势，大力推进协同创新、融合创新和三全 BIM 创新，创造性地研发了具有自主知识产权的"绿色装配式建筑智慧建造平台"。平台包括模块化设计、云筑网购、智能工厂、智慧工地、幸福空间五大模块，融合设计、采购、生产、施工、运维的全过程。融合 BIM+ 互联网 + 物联网技术的"装配式智能建造平台"成果，经国内院士专家组评审，一致认为是我国装配式建筑领域第一个全过程智慧建造平台，达到了国际先进水平。

"中建科技智慧建造平台"实现了设计、采购、生产、施工和运维全链条的信息交互传递，有力促进了"绿色建造、智慧建造、精益建造和一体化建造"，从发展模式、实施路径和数字化支撑上，形成了中建科技全产业链建造优势。此外，中建科技充分发挥中建集团信息化优势，实现各业务线的信息纵向贯通与横向共享，特别是云筑网集中采购的集团优势，保证了价格、品质的优势和供应链的稳定高效；通过钉钉等软件产品的个性化应用，顺应了企业管理移动化的需要，保障了信息的高效传递和企业管理体系的高速运转。

（10）高素质凝聚的人才队伍

中建科技的成长和进步离不开一批高素质的人才队伍。团队的成员主要是来自各工程局的具有创新性管理能力的领导和业务管理、技术研发、工程设计骨干，以及集团外部的具有丰富经验的业界专家和工程技术人员。一批怀揣梦想、充满激情的技术专家和管理骨干，奠定了中建科技的高起点。在高端的智库方面，组建了国内首个装配式建筑院士工作站，首批入站院士包括聂建国、肖绪文、周福霖、周绪红、孟建民、叶可明、刘加平7位院士。在行业领军人才方面，聚集了住房和城乡建设部科学技术委员会专家1人，住房和城乡建设部有关专家委员会2人，科学技术部在库评审专家近20人，各省级装配式专家委员会专家近30余人。在研发骨干方面，中建科技采用差异化发展模式，加大科技人才的吸引和储备力度，充分利用总部注册地深圳的人才政策，聚集了剑桥大学、帝国理工大学、南洋理工大学、清华大学、哈尔滨工业大学、上海交通大学等世界知名高校的48位博士，15%以上员工具有硕士以上学历。在吸引外部人才的同时，也得到了集团内部的鼎力支持，集团技术中心和兄弟单位的优秀人才也得以无障碍地向中建科技聚集。在产业工人培育方面，加强专业技工培训，弘扬工匠精神。企业自有工人曾荣获2019年全国第二届装配式职业技能竞赛中生产环节模具组装项目的冠、亚、季军等多项荣誉。

中建科技秉承"海纳百川"的用人文化及"高标准、严要求、重实用"的人才导向，通过战略分解、规划引领，大力开展社会成熟人才引进和校园招聘工作，不断健全人才培养机制、拓展员工成长渠道，持续强化人力资源开发及人才梯队建设。目前公司六支人才队伍数量基本满足公司经营发展需要，其中经营管理人才约330人，科技研发人才约420人，建筑设计人才约550人，项目管理人才约840人，专业管理人才约628人，产业工人约250人。

3. 中建科技典型工程

（1）住宅工程如图6-3～图6-5所示。

图 6-3　深圳裕璟幸福家园

图 6-4　深圳市长圳公共住房及其附属工程

图 6-5　中建科技绿色产业园宿舍楼

（2）酒店和会展工程如图 6-6 ~ 图 6-8 所示。

图 6-6　坪山高新区综合服务中心

图 6-7　徐州园博园主题酒店

图 6-8　北京经济技术开发区路南区 N20 项目

（3）学校工程如图 6-9 ~ 图 6-11 所示。

图 6-9　南京一中江北校区（高中部）

图 6-10　山东建筑大学教学实验楼、实训楼

图 6-11　坪山锦龙学校

（4）办公工程如图 6-12～图 6-14 所示。

（5）工业上楼工程如图 6-15、图 6-16 所示。

图 6-12　中建科技深圳科研产业基地项目

图 6-13 淮海科技城创智科技园

图 6-14 深圳建筑工程质检中心绿色改造项目

图 6-15　深圳坪山新能源汽车产业园区

图 6-16　坪山生物医药产业加速器园区项目